快读慢活

陪 伴 女 性 终 身 成 长

咖啡星人指南

［日］岩田亮子 著

安忆 译

每天都有不同的
乐趣与享受

浙江摄影出版社
全国百佳图书出版单位

亮子与咖啡的首次邂逅，十分糟糕

我回来啦！

家里没人……

肚子好饿！

肚子饿扁了，我开始在厨房里找东西吃……

剩米饭与大麦茶

找到啦！

茶泡饭！

我开吃啦！

加热好米饭与大麦茶

茶泡饭入口的瞬间，我才发现，这不是大麦茶的味道。它与米饭混在口中的味道真是太糟糕了，这是咖啡啊！

这是什么啊！

这件事给我留下了难以抹去的心理阴影，让我对咖啡心生怨念。很长一段时间里，我坚定地认为咖啡就是"难喝"的代名词。

20年后……

我才不要喝呢！

HELLO SEATTLE!

直到29岁那年，我去了西雅图……

在西雅图时，我发现当地人随时随地都在喝咖啡！

这么爱喝咖啡啊！

据说，人体至少60%是由水组成的。拿我来说的话，大概这60%都是咖啡吧。

早上起床，如果不先来一杯咖啡，我甚至都提不起劲来动手冲咖啡。左思右想后，我找到了一个解决方案，那就是起床后先来一杯只需倒入热水就能喝的速溶咖啡。等我提起精神后，再重新烧水，耐心磨豆，为自己做一杯手冲咖啡。离开了咖啡，我就像电脑离开了主机，无法运作。可以说，我是一个名副其实的"咖啡星人"。

然而细细想来，在西雅图生活之前的那30年里，我的生活中根本没有咖啡的影子。很难想象，过去的我到底是怎么做到早起上班，还能心平气和地与他人交流的。虽然是自己的亲身经历，现在却觉得无法做出合理的解释。我甚至时常感叹，当年的自己可真是了不起。

因为直到30岁才爱上咖啡，我仿佛想要拼命填补过去的空白一般，开始恶补关于咖啡的知识，品尝各种咖啡。听说某地有美味的咖啡，我便会为了那一杯咖啡踏上旅途。再后来，我在美国出版了以咖啡为主题的书，并被翻译成了各种语言。就这样，不知不觉间，我竟变成了一个"没有咖啡就活不下去的人"。

不过，我最大的爱好是喝咖啡。虽然平时在家会自己动手做咖啡，制作咖啡的器具也一应俱全，但我是个连称重都嫌麻烦的懒人。不仅如此，我还是个连萃取都等不及的急性子。因此，我做的咖啡可算不上什么美味……但是，谁都没预想到一场疫情的到来，让所有人都不得不长时间居家，而我也开始更多地在家做咖啡，从而下定决心，打算趁此机会告别偷懒与急性子，重新开始好好学习如何做出美味的咖啡。愿我实践后的分享能让大家更加享受喝咖啡的美好时光。怀着这样的心意，我写下了本书。

为了方便大家了解，我将本书分为"入门""进阶""品风味""知潮流""游四方"五个主题，你可以从任何一个感兴趣的主题开始翻阅。希望不论是像我这样成年后才发现咖啡魅力的人，还是从孩提时代就开始喝咖啡的骨灰级咖啡爱好者，都能在阅读本书的过程中收获快乐。

祝大家能够拥有更愉快、更美好、更幸福的咖啡时光！

岩田亮子

目 录

I

^{进阶}第2章 | 咖啡的基本

品风味
第**3**章

在家制作咖啡

COFFEE LESSON

第**1**章

咖啡乐趣多

COFFEE IS FUN

对于喜爱的事物或喜欢的人，自然希望了解更多。所以，对于喜欢咖啡的人来说，一定想要知道更多关于咖啡的知识。然而，听到太多难懂的专业术语或太过碎片化的信息，会让人摸不着头脑。我太理解这种感受了！别担心，让我们先借助有趣的手绘插图，从身边常见的咖啡入手，开始一起愉快地了解咖啡吧！

图解咖啡，让你实现轻松入门

在咖啡馆看到满眼音译或外文的饮品单，难免产生"啊，看不懂，就来杯拿铁吧"的想法。这种心情我非常能理解。既然喜欢咖啡，不如先通过下面这些手绘插图，来了解那些让人摸不着头脑的咖啡名字吧！下次再去咖啡馆，就能轻松点上一杯心仪的咖啡了！

适合喜欢偏苦风味的人

基础饮品

杜比欧咖啡就是双份意式浓缩咖啡。

意式浓缩咖啡（单份）

意式浓缩咖啡（双份）

ESPRESSO
意式浓缩咖啡

苦味	甜味	浓度
●●●●●	●●○○○	●●●●●

真正好喝的意式浓缩咖啡是有回甘的。

DOPPIO
杜比欧咖啡

苦味	甜味	浓度
●●●●●	●●○○○	●●●●○

想要瞬间清醒时可以来一杯。

可以先尝尝感兴趣的咖啡，并记住它的名字。

美式咖啡与澳式黑咖啡的主要区别是意式浓缩咖啡加入的顺序不同。

意式浓缩咖啡

热水

LONG BLACK
澳式黑咖啡

苦味 ●●● ｜ 甜味 ● ｜ 浓度 ●●

源于澳大利亚，油脂更丰富。

热水

意式浓缩咖啡

AMERICANO
美式咖啡

苦味 ●●● ｜ 甜味 ● ｜ 浓度 ●●

后加入的水会冲散油脂。

滴滤咖啡

意式浓缩咖啡

RED EYE
红眼咖啡

苦味 ●●●● ｜ 甜味 ● ｜ 浓度 ●●●●

想要摄入大量咖啡因时的最佳选择。

黑咖啡

DRIP
滴滤咖啡

苦味 ●●● ｜ 甜味 ● ｜ 浓度 ●●●

还是黑咖啡最让人放松。

加入牛奶，风味更加柔和　　**花式咖啡**

奶泡（泡状）

蒸汽牛奶
（液态）

意式浓缩咖啡

CAPPUCCINO
卡布奇诺

苦味　　甜味　　浓度

想要放松片刻时最适合喝卡布奇诺。

奶泡

蒸汽牛奶

意式浓缩咖啡

CAFÉ LATTE
拿铁

苦味　　甜味　　浓度

美国西雅图偷心咖啡馆的
拿铁会颠覆你对拿铁的认知！

地道的玛奇朵其
实是这样的！

奶泡

意式浓缩咖啡

MACCHIATO
玛奇朵

苦味　　甜味　　浓度

是不是误以为它是甜味饮品？
其实这是一款充满浓烈咖啡醇香的饮品！

奶泡

蒸汽牛奶

意式浓缩咖啡

FLAT WHITE
澳白

苦味　　甜味　　浓度

与拿铁和卡布奇诺都有所不同，
这是源自澳大利亚的饮品。

最适合搭配
餐后甜点。

奶泡

蒸汽牛奶

巧克力

意式浓缩咖啡

CAFÉ MOCHA
摩卡

苦味	甜味	浓度

如果不喜欢意式浓缩咖啡的苦味，
不妨从摩卡咖啡入门。

可可粉

奶泡

意式浓缩咖啡

MAROCCHINO
玛洛奇诺

苦味	甜味	浓度

品尝时的关键在于要像意大利人那
样一饮而尽。

牛奶

滴滤咖啡

CAFÉ AU LAIT
欧蕾

苦味	甜味	浓度

牛奶较多，风味柔和，
是咖啡新手的敲门砖。

源自西班牙，澳白
咖啡的缩小版。

蒸汽牛奶

意式浓缩咖啡

CORTADO
可塔朵

苦味	甜味	浓度

有诸多版本，一般牛奶与意式浓缩
咖啡的比例为1∶1。

打开新世界大门的个性派　　**咖啡特饮**

香草冰激凌

意式浓缩咖啡

AFFOGATO
阿芙佳朵

苦味 甜味 浓度

实现甜品与苦咖啡一起品尝的梦想。

淡奶油和牛奶
（比例为1：1）

意式浓缩咖啡

BREVE
布雷卫

苦味 甜味 浓度

奶油与牛奶口感醇厚，第一次喝到
时大为震惊！

打发鲜奶油

意式浓缩咖啡

ESPRESSO CON PANNA
康宝蓝

苦味 甜味 浓度

意式浓缩咖啡是主角，又带些许甜
味的饮品。

打发
鲜奶油

巧克力

意式浓缩咖啡

BICERIN
比切琳

苦味 甜味 浓度

感觉像星冰乐系列的原型，
不过这个是热饮。

在意大利，人们大多
会加入渣酿白兰地。

打发鲜奶油

威士忌

滴滤咖啡

(个人喜欢
的)烈酒

意式浓缩咖啡

CORRETTO
克烈特咖啡

苦味	甜味	浓度
🔘🔘	🔘🔘🔘	🔘🔘🔘🔘

加入甜美的利口酒，与意式浓缩咖
啡相得益彰。

IRISH COFFEE
爱尔兰咖啡

苦味	甜味	浓度
🔘	🔘🔘🔘	🔘🔘🔘🔘

酒、咖啡与甜品相结合的
"全家福"饮品。

港式奶茶

牛奶

冰块

滴滤咖啡

砂糖

滴滤咖啡

YUANYANG
鸳鸯咖啡

苦味	甜味	浓度
🔘	🔘🔘🔘🔘	🔘🔘🔘

咖啡的苦味很好地平衡了港式奶茶
的甜味。

FRAPPE
法拉沛咖啡

苦味	甜味	浓度
🔘	🔘🔘🔘	🔘🔘🔘

希腊的冰咖啡，在希腊多用速溶咖
啡制作。

解答关于咖啡的常见疑问

　　我在本节汇总了一些经常被问到的有关咖啡的常见疑问。其实我也常遇到一些似懂非懂的问题，每次心生疑惑就会去查找答案。现在就为大家解答这些问题吧！

Q1

意式浓缩咖啡与滴滤咖啡有什么不同？

　　在咖啡馆里常会看到"嘶嘶"冒出蒸汽的机器，那就是意式咖啡机。意式浓缩咖啡是将咖啡豆磨成细粉，利用压力将沸水快速透过粉层制作而成的。这种咖啡用水量少，风味物质浓缩，有着醇厚浓郁的味道。在压力的作用下还会产生名为"咖啡油脂"的棕色奶油状油脂层。拿铁与卡布奇诺就是在意式浓缩咖啡中加入牛奶做成的。

ESPRESSO
意式浓缩咖啡

DRIP
滴滤咖啡

　　而滴滤咖啡则是咖啡师以一定速度将手冲壶中的热水注入咖啡粉滴滤而成。那些带咖啡壶的电动咖啡机做出的也是滴滤咖啡。这种咖啡是将咖啡豆以中研磨度磨成粉放入滤纸中，再注入热水做成的。因为以较慢的速度萃取咖啡，这种方式做出的咖啡能品尝到咖啡豆本身的风味。

了解这些知识，能更好地享用咖啡

Q2

喝咖啡真的会上瘾吗？

从医学的角度来说，咖啡因排出体外时，会出现犯困、头疼等所谓的"咖啡因戒断"症状。上述症状会在2～3天内缓解。身体对咖啡因的耐受性会越来越强，但一般认为不会产生精神性或肉体性的咖啡因上瘾。请放心喝咖啡吧！

参考文献：*Journal of Caffeine Research*（《咖啡因研究期刊》）

Q3

咖啡会引发失眠吗？

人们常认为喝了咖啡会睡不着觉，其实一般4～6个小时咖啡因就会完成代谢，从体内排出去。只要不在睡前喝咖啡，就无须担心咖啡会引发失眠。而且，咖啡因还能促进血清素等神经传导物质的分泌，具有一定的抗抑郁效果。有研究表明，一天喝2～4杯咖啡能降低自杀率。在身心疲惫时，还是需要来一杯咖啡呀！

参考文献：*The Harvard Gazette*（《哈佛公报》）

Q4

喝咖啡能缓解宿醉吗？

想通过喝咖啡来缓解宿醉是白费力气，完全无效。不过，咖啡因能保护因酒精而受损的肝脏。有研究表明，一天喝4杯咖啡能降低69%患肝硬化的概率。

参考文献：*Alimentary Pharmacology and Therapeutics*（《消化药理学与治疗学杂志》）

不可小觑的便利店咖啡

在日本喝咖啡真的很方便！因为只需花100日元（折合人民币约5元），就能24小时随时喝上一杯现磨现冲、品质上佳的咖啡。我没有特别钟情某一家咖啡，而是在想喝咖啡时就去附近的便利店购买。接下来为大家介绍日本三大便利店的咖啡，目前在中国也有。

大家最喜欢的是哪一家呢？

7-11便利店

这家便利店已经彻底融入日本人的日常生活，无须多作介绍。简单说明一下买咖啡的流程：先在收银台付钱获得一个纸杯，然后用咖啡机自助冲泡。2018年引入的新款咖啡机在放入纸杯后会自动判断杯型，按下按钮就会自动开始磨豆，之后滴滤萃取。性急的我有时会忍不住抱怨"怎么还没有做完"，然后在制作过程中伸手拉门，不过门早已自动上锁，十分安全。

风味均衡而清爽

TASTE

简单基础，但好喝。风味均衡，清爽无怪味，非常容易入口。让人尤其开心的是，变凉后口感也不错。

FamilyMart

全家便利店

与7-11便利店买咖啡的流程一样，先在收银台付钱拿纸杯，然后用咖啡机自助冲泡。2018年以前全家便利店做的都是意式浓缩咖啡，现在则改成了滴滤咖啡，风味也有很大变化。拼配咖啡可选两种浓度，还能自选拼配豆或单品豆。除了滴滤咖啡，还供应抹茶拿铁与法拉沛咖啡。

风味浓郁而醇厚

STANDARD BLEND of FAMIMA CAFÉ

Famima's coffee bar clean & rich taste

SMALL

TASTE

意式浓缩咖啡时代是轻盈的柑橘系风味，现在则改为更厚重的味道，适合喜欢偏苦风味的人。

LAWSON

罗森便利店

相比其他两家，罗森便利店采取了不同的销售策略。不用自助式咖啡机，而是在收银台下单后由店员冲制。黑咖啡采用意式咖啡机萃取，后加入热水做成美式。因为这种咖啡机能做意式浓缩咖啡，所以店内还可以点拿铁、摩卡、双份意式浓缩咖啡等。

柑橘系的清爽风味

MACHI café

TASTE

最显著的不同是香味。凑近一闻就有一股扑鼻的咖啡香。虽然是用意式咖啡机萃取，但与别家相比酸味更重一些。

如果还没试过星巴克臻选®，快去尝尝吧

我曾经在美国西雅图旅居，那里有数不清的星巴克门店，确切来说一共133家。因为星巴克这个品牌就诞生在这座城市，几乎隔一条街道就有一家，密集程度与日本的便利店相比有过之而无不及。

星巴克是大型咖啡连锁店，但很抱歉，我对它的印象不是咖啡馆，而是卖冰激凌等甜品饮料的地方。因此我想喝咖啡时，往往会选择独立经营的私人小咖啡馆。

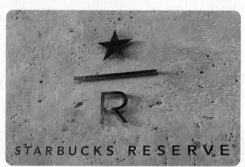

带有星星与R字样标志的店铺就是星巴克臻选®。

一直误以为是甜品店！

不过，有一天离我家最近的星巴克上多了一个"R"标志。好奇之下前去探店，结果彻底颠覆了我对星巴克的偏见，原来这就是传说中的星巴克臻选®。

什么是星巴克臻选®

不同之处

星巴克臻选®是2010年左右开始的项目，定位为高端咖啡品牌，旨在由顾客自由选择高品质的单品豆和萃取手法，体验一杯精心萃取的咖啡的妙味。最初于2014年在西雅图已有的店铺做试点，不过带着巨大臻选标志的烘焙工坊很快就开遍世界各地。星巴克臻选®东京烘焙工坊于2019年开店。目前，中国的北京、上海也有星巴克臻选®烘焙工坊。

美国西雅图的星巴克总公司。

过人之处

在一般的咖啡馆点滴滤咖啡时，店员会从保温壶中倒一杯给客人。与这样单纯的消费不同，在星巴克臻选®，可以阅读印有介绍咖啡豆特点的卡片来挑选豆子，并自主选择合适的萃取手法，体验学习与选择的过程。以前，我只是茫然地喝咖啡，而在星巴克臻选®的体验给我带来了巨大的震撼。与此同时，咖啡的味道也令人惊喜，我才发现原来咖啡竟有着如此丰富多彩的风味！

请一定要尝试三叶草咖啡机制作的咖啡

让我感受到冲击的第一杯咖啡是一款名为三叶草（CLOVER）的咖啡机制作的。据说这台咖啡机原本是纽约某咖啡馆使用的，偶然造访这家咖啡馆的星巴克时任执行总裁霍华德·舒尔茨先生喝了这款咖啡机出品的咖啡后，与我一样受到了巨大的震撼，所以才将其引入星巴克甄选®中。这款咖啡机为了最大限度地突显不同咖啡豆的个性，会根据不同的咖啡豆设定不同的萃取时间与温度，力求做出完美的咖啡。请一定要尝试一下！

单价超过100万日元的CLOVER。

星巴克臻选®东京烘焙工坊

探店咖啡爱好者的梦幻国度

　　东京烘焙工厂不仅是喝咖啡的地方，更是体验制作咖啡的好去处，堪比咖啡界的迪士尼乐园。第一家星巴克臻选®烘焙工坊于2014年在美国西雅图市中心开业，之后又在中国上海、意大利米兰、美国纽约相继开店。2019年终于登陆东京。

目黑川岸边巨大的烘焙工坊。

INFORMATION
日本东京都目黑区青叶台2丁目19-23
(2-19-23, Aobadai, Meguro-ku, Tokyo)

　　进入烘焙工坊，正对面是主吧台，右侧是巨大的烘豆机。咖啡豆会通过店内纵横盘踞的管道输送到各处。中央矗立着巨大的铜质储藏罐，内有各种烘豆所必需的设备。

乍看好像科研所，其实是一家星巴克臻选®烘焙工坊。

打开门,一个形似科研所的空间呈现在眼前。

吧台的设计方便客人与咖啡师交谈。

贯穿四层楼的巨大铜质储藏罐。

巨大的烘豆机一次能烘焙120千克咖啡豆。

循着"咔嗒"作响的声音看去,墙上挂着一块形似列车时刻表的告示牌。伴随着清脆的响声,文字浮现,告知客人正在烘焙的咖啡豆的名字。设计上充分调动五感,看点满满,引人入胜。

如列车时刻表一般罗列着文字。

饮品单上印有冲泡方法和出品特点的简单介绍。

MENU
饮品单

正如前文介绍的，烘焙工坊可以自主选择咖啡豆与萃取手法。不过这样专业的点单对很多人来说可能会觉得不知所措。不用慌，不妨问问店内的咖啡师吧。咖啡师们会咨询客人的偏好，并推荐符合口味的咖啡豆与萃取手法。如果希望趁机多试几种，就选"巡礼原产地"套餐吧。咖啡师会选出3种不同产地的咖啡豆，用相同的萃取手法制作3小杯咖啡，很适合试味比较。

面包与酥皮派
种类丰富。

推荐能对比试饮的
"巡礼原产地"套餐！

PRINCI®
焙意之®

一楼大厅靠里面的地方是来自意大利的烘焙工坊——焙意之®。我在第3章也会介绍，面包与咖啡是天造地设的一对。来到这里，千万别错过焙意之®家刚出炉的新鲜面包。我第一次吃焙意之®的面包是在英国伦敦。那天我在城里四处闲逛，肚子都快饿扁了，偶然之中走进一家焙意之®。可能是因为当时非常饿，加之身处异国，所以觉得面包尤其美味，让我留下了美好的回忆。这里的蛋糕与酥皮派也都是普通星巴克中找不到的甜点，好想每一种都尝一下！

在普尔加托里奥（意大利），早餐吃烤蛋。

TEAVANA™
茶瓦纳™

越过临窗的茶饮吧台，春天目黑川的樱花尽收眼底。

二楼竟然是茶饮！星巴克也有茶饮产品线。与咖啡一样，种类繁多，令人难以选择。店员会详细介绍饮品，可以一边咨询一边点单。

3 F

ARRIVIAMO BAR
鸡尾酒吧

又是一个惊喜！三楼就是鸡尾酒的天堂！除了普通的鸡尾酒，还有意式浓缩马天尼等加了咖啡或茶的鸡尾酒。当然也能坐在这里的吧台享用咖啡和蛋糕。三楼还有能俯瞰目黑川的开放式露台，樱花季一定会有很多人。

意式浓缩马天尼是苦味、甜美与顺滑的融合体。

AMU TOKYO
交织东京

楼梯的墙上装饰着5000张臻选咖啡卡片。

烘焙好的咖啡豆在四楼进行装袋封装，四楼还设有交织东京灵感画廊。据说这里是通过交流与活动将人与灵感"交织"在一起的地方。

全世界每天要喝掉25亿杯咖啡

几百年来的漫长历史中，世界各地的人都在饮用咖啡。人们对咖啡的喜爱超越国界，汇聚成咖啡的历史。本节收集了世界各地令人惊叹的咖啡冷知识。顺带一提，一般认为咖啡于江户时代由长崎的出岛传入日本。不过因为味道太苦，并未受到当时日本人的喜爱。

世界人均每年咖啡消费量排行榜
TOP 5

参考文献:World Population Review(《世界人口审查》)

每年排名的先后有所不同，但总的来说北欧各国一直名列前茅。芬兰人是真的特别能喝咖啡，第一次去芬兰让我震惊不已。北欧的冬季有几个月是黑暗而漫长的极夜，也许这就是他们会消耗这么多咖啡的原因吧。

芬兰　12.0千克

挪威　9.9千克

冰岛　9.0千克

丹麦　8.7千克

荷兰　8.4千克

日本　3.6千克

日本的咖啡消费量不多，榜上无名。

约**25**亿杯

全世界每天被喝掉的咖啡总量

咖啡与水、茶、啤酒一样，广受世界各地人们的喜爱，因此才会有这样惊人的消耗量。我一天也要喝上5杯，贡献不小呢。与我志同道合的人们是遍布全球的"咖啡星人"！

世界上第一张 咖啡滤纸

发明咖啡滤纸的人是一位名叫梅丽塔的德国家庭主妇。她也是世界顶级咖啡机与滤纸制造商"美乐家"的创始人。

德国的一位家庭主妇于1908年使用儿子的笔记本过滤咖啡，咖啡滤纸由此诞生。

咖啡是无罪的，国王大人！

1675年英国国王下令 关闭咖啡馆

英国国王查理二世曾颁布"咖啡馆禁令"。在当时的英国，咖啡馆是孕育舆论与文化的社交场所。因为大量民众聚集在咖啡馆里议论时政，国王心生恐惧，下令关闭咖啡馆。

咖啡是世界上交易额 排名第二的大宗商品

咖啡的交易额仅次于石油，排名世界第二。毕竟一天就要喝掉约25亿杯，想来有这样的交易额也是理所当然的。

世界咖啡史小故事

咖啡到底来自哪里，又是如何变成饮品的呢？

咩~~

最早发现咖啡的是山羊。

很久很久以前，在9世纪的埃塞俄比亚，有一位名叫卡尔迪的牧羊人。

卡尔迪

有一天，卡尔迪发现山羊吃了一种树上结出的红色果实后，变得异常兴奋。这种树就是后来人们口中的咖啡树。

哇！山羊在跳舞？

哇！竟然一下子就精神百倍！

"山羊也跳舞？真有意思。哎，等等！它们为什么会跳舞呢？这究竟是什么果子？"卡尔迪心生好奇，也摘了一些果实品尝。

摘点带回去。

卡尔迪摘了一些红色的"魔法果实"，打算带回去分给僧人们品尝。

然而……

这是什么？一定是恶魔的果实！

僧人们认为这种让羊兴奋的红色果实是邪恶的，便把它们丢进了火堆里。

不行不行，不要丢掉啊！

没想到，咖啡豆经过火的烘烤，开始散发出诱人的奇香。不用说，僧人们也无法抵挡这股浓香的诱惑。

真拿你没办法，就再给这些果子一次机会吧！

我就说吧！

他们从火堆里取出变成棕色的咖啡豆，磨碎后加入热水，开始喝了起来。

就这样，在十几个世纪的时光中，深深俘获人心的咖啡诞生了，一喝就是几百上千年。虽然这个故事只是一个传说，但还是想要感谢跳舞的山羊。

皆大欢喜，皆大欢喜！

完

参考文献：*A History of Food 2nd. ed. 2008*,*Coffee in Legend*（食物的历史2，2008，《咖啡传奇》）

I LOVE ANY COFFEE!

只要有咖啡就行

　　我从2012年开始写有关咖啡的文章，至今已经10年了。我喝了很多咖啡，为了喝咖啡去了很多国家和地区。因为从事这份工作，有幸获得了不少品尝咖啡的机会。很多为我做咖啡的朋友总会说："你写过有关咖啡的书，对咖啡也很有研究，这杯可能不合你的口味。"这里面的误会可太大了！

　　说来也许没人信，不论是罐装咖啡、速溶咖啡还是手冲咖啡，只要是咖啡我都喝。

　　可能我周一喝的是用星巴克臻选®烘焙工坊的咖啡豆，自己磨豆冲泡的滴滤咖啡。周二写稿时我喝了很多杯用热水冲的速溶咖啡。周三去了咖啡馆。周四去朋友家，品尝朋友为我做的不知名的咖啡。周五喝上了埃塞俄比亚庄园精心培育的单品咖啡豆制成的咖啡。我就是这样一个对任何咖啡都来者不拒的"咖啡星人"。

　　由专业咖啡师或者朋友做的咖啡自然不用说，短暂休息时自己用心手冲的咖啡与随泡随喝的速溶咖啡，都是令我爱不释手的咖啡。

　　说到底，只要有咖啡我就满足了。因此，对我而言，品尝到的每一杯咖啡，都是令人超级惊喜的礼物！

COFFEE LESSON

第2章

咖啡的基本

BASICS ABOUT COFFEE

初步了解咖啡后，让我们进入下一个阶段。咖啡是什么？咖啡从哪里来？经历了怎样的旅程最终变成我们杯中的咖啡？像这类与咖啡相关的知识我们可能有所耳闻，却对其中的门道不甚了解，一起去探究一下吧！

咖啡是水果的种子

　　原来，我们喝的咖啡是咖啡树的种子做成的。棕褐色香味扑鼻的咖啡豆是咖啡树上结出的果实的种子，因果实形似樱桃，也被称为"咖啡樱桃"。还有其他像咖啡这样有着如此美味种子的果实吗？这绝对是当之无愧的奇迹种子！让我们一起来了解一下咖啡豆诞生之前的模样吧！

Coffee Tree

咖啡树

从阿拉伯语的 qahwa 变成了 coffee。

结出咖啡豆的是什么树？

　　咖啡豆长在咖啡树上。这种树的外形很有热带风情，让人联想到香蕉树。咖啡树高的可以超过10米，不过在种植园里，一般都修剪成约2米高。咖啡树从播种到结果大约需要3～5年，其间会开出美丽的白花，之后会结出绿色的果实。这种果实会在6～8个月后变红，这就是咖啡樱桃。果实整个变成深红色就可以采收了。

类似茉莉花的清香

Coffee Cherry
咖啡树的果实

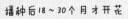

播种后18~30个月才开花

CUT IT OPEN

这就是咖啡豆

咖啡樱桃中有两粒种子。

咖啡是水果，难怪会有酸味！

切开咖啡樱桃的果肉，里面是两粒黏糊糊的浅绿色种子，这就是咖啡豆。将这两粒生咖啡豆剥出后用火烘焙，就会变成大家熟悉的咖啡豆。

【生豆】

将生豆烘焙后

咖啡豆是咖啡樱桃的种子。

如何处理剩下的果肉？

在巴西的咖啡种植园，我第一次喝到了用咖啡樱桃剩下的果肉晒干制成的"咖啡果皮茶"。这种饮品有类似樱桃的酸甜风味，又有洛神花茶那样令人生津的酸味。在日本也能买到咖啡果皮茶，好想再喝一次啊！

周游世界，经过多人之手制作而成

咖啡的旅程——从种子到杯中咖啡

　　前文介绍了咖啡豆的来历，其实咖啡豆在变成我们杯中的咖啡之前，会经历一段漫长的旅程。最初了解到咖啡的旅程，我也深受震撼！让我们一起追随咖啡豆的足迹一探究竟吧！

COFFEE TREE

START
起点

　　咖啡豆之旅的起点是咖啡树。咖啡苗长成咖啡树，开花，结果。果实变红成熟后，正式开启咖啡豆的旅程。至今为止，我去过哥斯达黎加、夏威夷与巴西的咖啡种植园（详见P129），还想去更多的咖啡种植现场！

COFFEE CHERRIES

精选成熟的咖啡樱桃。

分选很重要！

HARVESTING
采收

　　采收成熟的咖啡樱桃有三种方法：机械采收、剥枝采收和手摘。地处高海拔的种植园必须手摘采收，非常辛苦！

SELECTING
分选

　　采收的红色咖啡樱桃在挑出树枝与树叶后，再分选出完全成熟的红果。这一步可以手工完成，也可以使用机器。

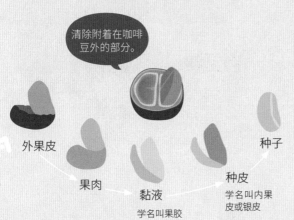

清除附着在咖啡豆外的部分。

外果皮

果肉

黏液
学名叫果胶

种皮
学名叫内果皮或银皮

种子

PROCESSING
处理

处理是指去掉果皮与果肉，取出种子的工序。种子的处理方式不同，会让出品的风味呈现极大差异，这一点令人吃惊。咖啡太有趣了！

三 种 处 理 法

很难说哪一种是最好的，气候的不同、资金的差异、生产者的不同想法形成了不同的处理法。正如给豚骨拉面和酱油拉面分高下毫无意义一样，咖啡豆的处理法也无法一概而论地评判优劣。

日晒处理法

直接晒干生豆→去种皮
特点：有独特的风味与回甘、节约水资源、环保、加工受天气影响

去果皮日晒处理法

用机械去除外果皮、果肉→晒干→去种皮
特点：兼具水洗与日晒的特点、平衡感十足的风味

水洗处理法

用机械去除外果皮、果肉→用水洗去果胶→晒干→去种皮
特点：干净、品质均一、需要设备、用水量大

甜感显著，风味醇厚。

酸味清爽，口感干净。

烘培前是这种颜色。

生豆

接下来就要踏上漫漫旅程了。

CUPPING
杯测

为了确认品质，种植园会烘焙一些等待发货的生豆，采用杯测来评判风味。我在巴西的咖啡种植园也体验了杯测的过程！

相当于葡萄酒的盲品。

生豆处理好了，下一步呢？

BAGGING
装袋

COFFEE

COFFEE

种植园精心培育的咖啡豆终于要启程了。通过手选或机器挑出虫蛀豆等瑕疵豆与异物后，咖啡豆被装入麻袋中打包。

工序繁多，令人吃惊！

终于要启程啦！

TRANSPORTING
出口

终于启程发往消费地了。全世界的咖啡产地发往消费地的咖啡豆都是生豆。它们被装在麻袋中，基本采用集装箱海运的方式运输。

ROASTING
烘焙

将生豆倒入烘豆机中，开火烘焙。如何在烘焙中突显咖啡豆的个性与特点，很考验烘焙师的技术。咖啡豆中的成分发生化学反应，香气、苦味、酸味与回甘应运而生。

终于进入冲泡准备阶段了。

相同产地的同一种生豆也能通过烘焙呈现出迥然不同的风味。

GRINDING
研磨

根据使用的器具确定研磨度，用电动或手动的咖啡磨豆机将咖啡豆磨成粉。后文会详细介绍咖啡豆的研磨方法。

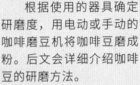

还挺费工夫的呢！

BREWING
萃取

咖啡有多种萃取手法，各有各的特色与优点。每一种手法适用的水温、研磨度也各不相同。这部分内容将在第3章详细讲解。

SERVING
入杯

咖啡倒入杯中，然后被送入我们的口中。相比起纸杯，更推荐使用陶瓷杯。我特别喜欢咖啡入口前那股扑鼻的香味。

休息一下。

咖啡的品种分为两大类

　　了解了咖啡的诞生之旅，让我们更详细地研究一下咖啡树吧。咖啡树有许多品种，不过主要用于商业种植的只有两种，即阿拉比卡种与罗布斯塔种。用大米的品种来打比方，二者就相当于粳米与籼米。人们常听到的"蓝山"与"乞力马扎罗"都不是品种名，而是品牌名。

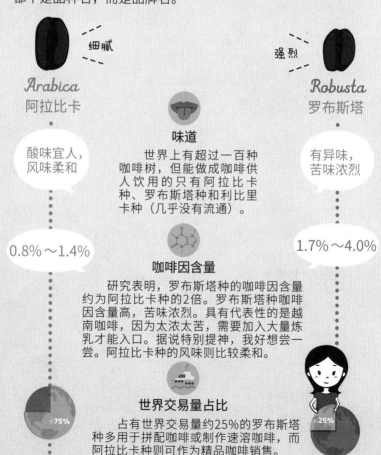

细腻

Arabica
阿拉比卡

酸味宜人，
风味柔和

0.8%～1.4%

强烈

Robusta
罗布斯塔

有异味，
苦味浓烈

1.7%～4.0%

味道
　　世界上有超过一百种咖啡树，但能做成咖啡供人饮用的只有阿拉比卡种、罗布斯塔种和利比里卡种（几乎没有流通）。

咖啡因含量
　　研究表明，罗布斯塔种的咖啡因含量约为阿拉比卡种的2倍。罗布斯塔种咖啡因含量高，苦味浓烈。具有代表性的是越南咖啡，因为太浓太苦，需要加入大量炼乳才能入口。据说特别提神，我好想尝一尝。阿拉比卡种的风味则比较柔和。

约75%

约25%

世界交易量占比
　　占有世界交易量约25%的罗布斯塔种多用于拼配咖啡或制作速溶咖啡，而阿拉比卡种则可作为精品咖啡销售。

Arabica
阿拉比卡

Robusta
罗布斯塔

海拔
900～2000米
的高原山地

种植海拔

产地的海拔决定了咖啡的风味。海拔越高，咖啡的等级与价格就越高。所以，乞力马扎罗与蓝山这类以山命名的咖啡才更高级。

能在海拔不到
500米的地区
种植

15℃～20℃，
宜人的气温

适宜气温

罗布斯塔种的名字源自英语的"Robust（强）"。这一品种对环境的适应性很强，容易成活。阿拉比卡种与其风味一样比较纤细，难以适应高温高湿的气候。

20℃～30℃，
稍热也无妨

9个月

花期、结果期

咖啡的花期很短，只有两天。因此，我还未曾亲眼见过咖啡花。花谢后会结出绿色的小果，这些小果需要很长时间才能长成红色的咖啡樱桃。

11个月

我们平时喝的阿拉比卡种，又能分为瑰夏、波旁等栽培亚种。

树高

罗布斯塔种非常壮实，长得很快，树高超过10米。而阿拉比卡种一般树高3米左右，为了方便采收，大多会被修剪成2米高。

3～4米

10～12米

一棵咖啡树一年产出约33杯滴滤咖啡

　　一棵咖啡树的咖啡产量如此之少，想必你也不由得大吃一惊。大家都觉得咖啡稀松平常，一棵咖啡树应该能轻松产出100多杯咖啡吧。当知道产量如此之少时，我也大为震惊。了解到咖啡的真实产量后，我品尝每一杯咖啡时都倍加珍惜。

一棵咖啡树一年的产出是……

按烘焙好的咖啡豆计算

500 克

GRANDE

500 克

咖啡豆经过烘焙，重量会进一步减轻

　　只选取成熟红果，还要剔除瑕疵豆，实际重量不断减少。烘焙后，生豆中的水分蒸发，成品的分量就更轻了。因此，虽然采收量远远不止这些，但最终得到的能够使用的咖啡豆只有0.5～1千克。

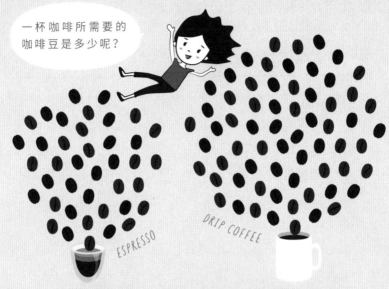

一杯咖啡所需要的咖啡豆是多少呢？

ESPRESSO

DRIP COFFEE

意式浓缩咖啡

40颗

一杯意式浓缩咖啡大约需要10 克咖啡豆。

滴滤咖啡

65颗

一杯滴滤咖啡大约需要15 克咖啡豆。

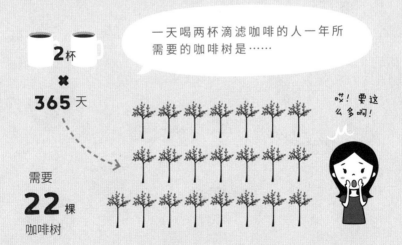

2杯

✕

365天

一天喝两杯滴滤咖啡的人一年所需要的咖啡树是……

需要

22棵

咖啡树

哎！要这么多啊！

咖啡只生长在咖啡带

　　有一段时间，我为北欧咖啡着迷。有一天忽然想到一个问题："北欧也能种植咖啡吗？"一番调查后才知道，咖啡树无法在北欧生长！北欧的烘豆厂负责加工烘焙，而生豆的产地则在地球的另一端。咖啡树只能在一定气候条件下的有限地区内种植。

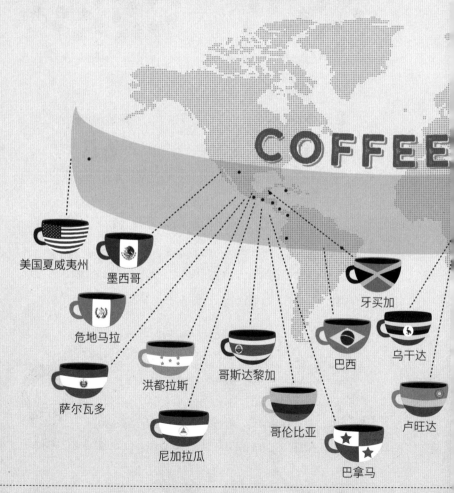

美国夏威夷州

墨西哥

危地马拉

萨尔瓦多

洪都拉斯

尼加拉瓜

哥斯达黎加

哥伦比亚

巴拿马

牙买加

巴西

乌干达

卢旺达

所谓的"咖啡带"是什么

看地图一目了然，会发现有名的咖啡产地集中在赤道附近，南北回归线之间。这一带状的区域被称为"咖啡带"。乍看之下可能会觉得咖啡都产自热带国家，但其实咖啡树并不耐热。适合种植咖啡的地区一般都是高原或山区。只有满足降水、日照、温度、土壤与海拔这5项条件，咖啡树才能茁壮成长。除了下面罗列的最具代表性的咖啡生产国与地区，咖啡树在其他地区也有栽种。比如，冲绳是日本能种植咖啡的最北的地区，当地有好几家咖啡种植园。

原来咖啡适宜种植在热带国家的避暑胜地！

越南

也门

埃塞俄比亚

印度尼西亚

肯尼亚

坦桑尼亚

和牛排一样区分熟度

烘焙方式决定出品风味

喝咖啡前必须先烘焙生豆。而烘焙度会极大程度地决定咖啡的风味。这与牛排的熟度是一个道理。咖啡豆烘焙得浅一些，能尝到更多生豆本身的味道，而烘焙"全熟"则能喝到炭火的焦香。为了最大限度地体现咖啡豆的特色，选择合适的烘焙度是非常重要的。

古早风日式咖啡店多用深烘豆，新派咖啡馆大多主打浅烘。而我是中烘派。

LIGHT
浅烘焙

烘焙时间短，保留了咖啡豆的酸味。咖啡豆呈现明亮的浅棕色，表面无油。这种烘焙度最能突显咖啡豆的本味。

相当于牛排的三分熟。

LIGHT → MEDIUM

ACIDITY
酸味

轻度烘焙
酸味明显，果香四溢，适合杯测

肉桂烘焙
酸味突出，几乎没有苦味，适合做成果咖啡

中度烘焙
酸味相较苦味更突出，在美国最受欢迎的烘焙度

MEDIUM and
MEDIUM-DARK
中烘焙和中深烘焙

中烘焙和中深烘焙的咖啡豆相比浅烘焙回甘更显著，其香气、味道与酸度的平衡感极佳。

DARK
深烘焙

因为烘焙时间长，酸味消失，突显出香味与苦味。油脂渗出到咖啡豆的表面，看起来油亮油亮的。

依次相当于牛排的五分熟至七分熟。

相当于牛排的全熟。

MEDIUM-DARK **DARK**

BITTERNESS
苦味

中深度烘焙

酸苦相当，风味最均衡

城市烘焙

苦味略胜于酸味，日本人偏爱的味道

深城市烘焙

苦味浓烈，香气扑鼻，适合制作意式浓缩咖啡

法式烘焙

偏苦低酸，适合加奶

意式烘焙

醇厚与苦味突出，适合做冰咖啡

什么是冷萃咖啡

到了夏天，很多咖啡馆会与冰咖啡一起推出冷萃咖啡，两者的外观完全一致。相信很多人都有一个疑问，这两者究竟有什么不同呢？虽说都是冰咖啡，不过它们的制作方法完全不同。本节就为大家介绍能轻松在家自制的冷萃咖啡。

外观一模一样，制作方法与风味都大不相同。

COLD BREW
冷萃咖啡

VS

ICED COFFEE
冰咖啡

➤ INGREDIENTS ←
材料

冷萃咖啡　　　　　　冰咖啡

现磨咖啡粉　相同　现磨咖啡粉

常温水或冰水　区别　沸水

BREW TIME
萃取时间

冷萃咖啡   冰咖啡

12~24小时   **2~3分钟**

差异巨大

将咖啡粉倒入水中，静置
12~24小时再过滤。使用自带滤
网的容器制作更方便，一般240
毫升水中加入15克咖啡粉。

冲泡滴滤咖啡，方法不
限。可以做偏浓的咖啡，这样
加冰后味道不至于变得太淡。

PROS & CONS
优缺点

冷萃咖啡   冰咖啡

·酸味较少
·风味柔和
·加冰后味道也不会变淡
·冷藏可以存放一周左右

优点

·出品速度快
·香气四溢
·抗氧化物质更多
·节省水和咖啡豆

·无法立刻出品，需要耐
 心等待
·水和咖啡豆用量较多

缺点

·冰块融化后味道变淡
·放置30分钟后，味道
 变淡不再好喝

虽然耗费工夫，但美味也随之加倍！
在家也能轻松自制冷萃咖啡，请一定要试一试！

咖啡与葡萄酒有些相似

从喜欢的咖啡判断喜欢的葡萄酒

咖啡是用烘焙过的咖啡豆过滤制成的含咖啡因饮品，而葡萄酒则是用葡萄发酵酿成的含酒精饮品，两者完全不同。你可能会问，通过喜欢的咖啡真的能判断出喜欢的葡萄酒吗？

其实，咖啡与葡萄酒在杯测与盲品时评定的项目有一定的一致性，都要考虑香气、醇厚度、酸味与风味。因此，流传着这样的说法——了解喜欢的咖啡，就能由此推断出喜欢的葡萄酒。爱喝葡萄酒的各位，不妨试一试，看看这种说法是否准确。以前很少喝咖啡的葡萄酒爱好者们，不妨以此为参照，尝试一下咖啡吧！

CASE 1　传统经典风味

味道描述

水果味

干涩

RUCHÉ
CABERNET FRANC

黑咖啡

露诗、
品丽珠

CASE 2 偏爱厚重的酒体

味道描述

醇厚

浓郁

意式浓缩咖啡

CHIANTI
MÉDOC

基安蒂、
梅多克

CASE 3 喜欢温和口感

味道描述

柔和

顺滑

酸味低

咖啡+牛奶

CHARDONNAY
AMARONE
CABERNET SAUVIGNON

霞多丽、
阿玛罗尼、
赤霞珠

CASE 4 喜欢甜点般的甘美

味道描述

水果味

甜味

咖啡+白砂糖

RIESLING
MOSCATO
ZINFANDEL

雷司令、
莫斯卡托、
金粉黛

竟然有咖啡味的啤酒

咖啡?

我对酒精的耐受性弱得令人绝望，特别是啤酒，又苦又淡，味道也让人喜欢不起来，喝完还会头疼。我一直以为自己这辈子大概是和啤酒无缘了，算起来我已经超过10年没喝过一口啤酒了。

直到我遇到了它，咖啡味的啤酒

这款啤酒彻底颠覆了我对啤酒的固有印象，它的酒体呈咖啡色，酒香诱人，滋味醇厚。我喝到它时感到无比震撼，原来啤酒还能有这样的风味啊！

难喝

咖啡味的啤酒其实是一种名叫"世涛（Stout）"的艾尔啤酒。说到啤酒通常会联想到淡黄色的酒体，不过世涛啤酒是将麦芽炒焦后酿制而成的，酒香扑鼻，味道也十分厚重。

呜……

详情请看这本书！

ENJOY! CRAFT BEER

为了增加风味，有的酒厂在酿制这款啤酒的过程中会将烘焙过的咖啡豆浸泡在啤酒里。

就这样，咖啡口味的世涛啤酒在我心中引发了一场啤酒革命。从此，我品尝了全世界各地的多款啤酒，一头栽进了令人眼花缭乱的精酿啤酒的世界之中。相关内容不妨读一读我的合著书《享受！精酿啤酒》吧！

COFFEE BEER!

自酿咖啡味啤酒

与我一起自酿啤酒的朋友。

左图是我与精酿啤酒撰稿人阿尔巴特先生以及恶魔精酿酒坊的老板蒙奇先生一起喝酒时的照片。当我提到要写这本书时，二位建议道："不如趁此机会试试酿制咖啡味的啤酒吧！"我不由得担心说："酿制啤酒好像很复杂？"没想到恶魔精酿酒坊的迈克先生拍着胸脯表示："这里有专业人士呢！"于是，我就这样与恶魔精酿酒坊一起酿造了咖啡味的啤酒。

蒙奇先生给我布置的作业是，确定什么烘焙度的何种咖啡豆适合搭配啤酒，加入啤酒中试味。我选择了几款咖啡豆，磨碎后分别加入棕色艾尔啤酒与果味艾尔啤酒中浸泡，制作出样品请恶魔精酿酒坊的各位酿酒师盲品。香醇的棕色艾尔啤酒与咖啡风味意料之中地十分和谐。不过在百香果味艾尔啤酒中加入咖啡，竟产生出一种不可思议而有趣的风味。大家认为这种味道更有我的风格，最终决定制作百香果味咖啡艾尔啤酒！

专业人士们在品尝我这个门外汉制作的样品。

贴上特别设计的酒标，大功告成！

还有适用于酒吧扎啤机的桶装！

之后的工作就交给专业人士了。酿成的酒装在罐中保存，百香果味中带着咖啡风味的艾尔啤酒制作完成，真是感激不尽！这款啤酒的酒精度比较低，果汁感十足，很容易入口，非常符合我的口味。最后贴上特别设计的酒标，大功告成！

恶魔精酿酒坊(DEVIL CRAFT，日本神田、滨松町、五反田、自由之丘都有门店)

通过咖啡判断喜欢的精酿啤酒

本节我将和我的啤酒老师——骨灰级咖啡爱好者、音乐人斯考特·马芬（Scott Murphy）为大家讲解，如何通过喜欢的咖啡选择符合自己口味的精酿啤酒！他还与我一同合著了《享受！精酿啤酒》。

想要近似咖啡的风味，可以选择世涛啤酒，在此会介绍得更细致一些。

不愧是老师！拜托了！

斯考特·马芬
美国音乐人。在美国流行的朋克乐队艾利斯特（ALLiSTER）与日本的摇滚乐队单眼（MONOEYES）担任歌手与贝斯手。还与美国摇滚乐队威瑟（Weezer）的瑞弗斯·柯摩（Rivers Cuomo）组成斯考特&瑞弗斯乐队开展音乐活动。

黑咖啡

拉格啤酒
深色美式拉格

艾尔啤酒
波特

世涛啤酒
爱尔兰世涛

一直以为拉格啤酒比较清淡，没想到也有这种类似咖啡味道的。

看起来十分醇厚，但依然爽口，这是拉格啤酒的特点。

意式浓缩咖啡　　黑啤酒　　黑色IPA　　帝国世涛

咖啡+牛奶　　梅尔森　　棕色艾尔　　牛奶世涛

原来世涛啤酒有这么多种！

世涛啤酒风味多样，品尝其各种风味也是一种乐趣。

咖啡+白砂糖　　勃克　　苏格兰艾尔　　甜世涛

浅烘焙 VS 深烘焙

在第三次咖啡浪潮（详见P85）中，为了突出咖啡豆原本的风味，咖啡店大多选用浅烘焙到中烘焙，而第二次咖啡浪潮下的咖啡店则大多选用苦味更足的深烘焙。这是随着时代的发展产生的变化。最近，我发现浅烘焙与深烘焙也悄无声息地展开了一场"竞赛"。

我是被美国西雅图的深烘焙风格带入咖啡世界的，但在丹麦第一次喝到浅烘焙的咖啡时，我受到了巨大的冲击。那杯咖啡清爽的风味，与丹麦秋天的青空以及凛冽的秋意相得益彰，自那之后，我就开始喝浅烘焙的咖啡了。过去，我通常根据当时的心情或天气选择滴滤咖啡或拿铁等不同种类，现在又多了一项——选择烘焙度。对我而言，享受咖啡的方式也变得更加丰富多彩了。

与品尝咖啡一样，最近几年我在体验桑拿时，也感受到了变化的乐趣。过去我只体验过日本那种又热又干的桑拿，但第一次感受热气腾腾的芬兰式桑拿时，我深感震撼。现在我觉得又热又干的日式桑拿和芬兰式桑拿各有特点，根据当天的心情选择更适合自己的桑拿即可。

咖啡和桑拿在不同的国度会产生如此巨大的差异，我们的身体在一天中也会不断发生变化。如果能以一杯最适合自己当下的咖啡开启一天的新生活，那一天必定会是一个令人欣喜的好日子。

COFFEE · LESSON

第**3**章

在家制作咖啡

BREWING COFFEE 瓦 HOME

了解了咖啡的专业知识后，终于要开始自己动手做咖啡了！本章我会介绍几位咖啡师，教大家做出美味的咖啡。从挑选咖啡豆入手，依次介绍不同器具的使用方法。我们的目标是学会在家做咖啡，然后做出更美味的咖啡！

咖啡豆不同，咖啡味道也天差地别

如何挑选咖啡豆

想在家做咖啡，首先要从购买咖啡豆入手。不过，在选购咖啡豆时，可能常会被问到一堆问题，比如想要哪个国家产的、什么品种的、酸味如何、醇厚感如何等。当被问了太多问题时，不免会感到麻烦，于是直接来一句"请给我一袋最热销的就好"结束对话。这种心情我太理解了！不过别担心，接下来就和我这个最怕麻烦的懒人一起，"粗略"却精准地学习各种咖啡豆的风味特点与选购方法吧。

下面由CAFEORO株式会社的主理人山下敦子为大家介绍咖啡豆的选购方法。我第一次品尝山下小姐做的咖啡时，不禁赞叹："哇，还有这样美味的咖啡！"因为那杯咖啡的风味是那样细腻而纯粹。其实这也是理所当然的，山下小姐用的咖啡豆是她带着热爱之情一粒一粒精心手选、烘焙和包装的。不仅如此，她还开设了大量与咖啡有关的讲座。

STEP 1 找一家值得信赖的咖啡店

最开始购买咖啡豆时，最好的方法就是向店员咨询。先尝试店家最推荐的咖啡豆，建立自己的标准。之后就可以在同一家店里选择比标准更苦一些或回甘更足一些的咖啡豆，以此摸索自己喜欢的风味。因此，找到一家能进行各种尝试，店员会耐心介绍咖啡豆的店家是非常重要的。

山下敦子

CAFEORO 株式会社的主理人，咖啡拼配师。她以"用咖啡联结世界"为己任，专营高品质的咖啡豆。客人下单后，她亲手烘焙，连装袋也全部由手工完成。

这就好像去美发一样。如果遇到了合适的美发师，就能放心尝试各种发型了。

咖啡其实是一种生鲜食品，新鲜度十分重要。所以在那些能称重零售的咖啡店少量购买，喝完后不断尝试其他品种，也是诀窍之一。

如果觉得找不到称心的咖啡店，我非常推荐大家尝尝山下小姐家的咖啡豆，以此作为自己的标准。

STEP 2 找到自己喜欢的咖啡豆

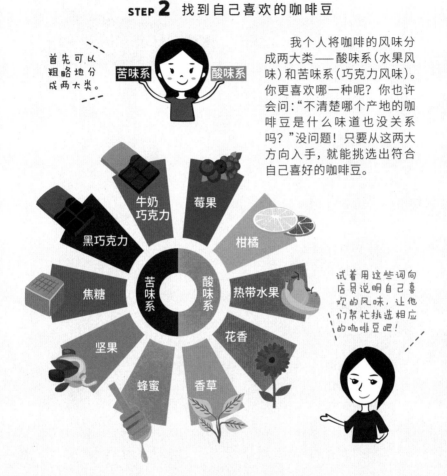

首先可以粗略地分成两大类。

苦味系　酸味系

　　我个人将咖啡的风味分成两大类——酸味系(水果风味)和苦味系(巧克力风味)。你更喜欢哪一种呢?你也许会问:"不清楚哪个产地的咖啡豆是什么味道也没关系吗?"没问题!只要从这两大方向入手,就能挑选出符合自己喜好的咖啡豆。

试着用这些词向店员说明自己喜欢的风味,让他们帮忙挑选相应的咖啡豆吧!

牛奶巧克力　莓果
黑巧克力　柑橘
焦糖　苦味系　酸味系　热带水果
坚果　花香
蜂蜜　香草

STEP 3 了解各国咖啡豆的种类与风味特点

　　接下来,山下小姐会简要地介绍各国咖啡豆的特点,跟着她开启世界咖啡之旅吧!首先从拉丁美洲开始。

拉丁美洲

LATIN AMERICA

BRAZIL
巴西

TASTE 风味均衡，易饮性强

POINT ○世界第一的咖啡生产出口国
○有许多大规模咖啡种植园

对于咖啡小白，不妨从巴西的咖啡豆开始入门。

COMMENT

COSTA RICA
哥斯达黎加

TASTE 优雅柔和的醇厚感

POINT ○政府致力于咖啡种植业
○立法禁止种植阿拉比卡种以外的咖啡豆
○去果皮日晒处理法的发源地

曾在哥斯达黎加喝过当地出产的咖啡，确实名不虚传！

COMMENT

COLOMBIA
哥伦比亚

TASTE 北部：浓郁　　中部：柔和
南部：果香

POINT ○北部、中部与南部的咖啡豆各有特点
○高海拔种植园较多，采收大多靠手工作业

能品尝到不同产地从柔和到偏酸的多种风味。

COMMENT

拉丁美洲咖啡豆的最大特点是口感好。

TASTE 酸味柔和，醇厚适中

POINT ○带火山灰的土壤孕育出高品质的咖啡
○危地马拉国内高品质咖啡豆的代表产自安提瓜

GUATEMALA
危地马拉

国土面积的70%都是火山，昼夜温差大，降水充沛。这个国家有着适合咖啡生长的最佳环境。

COMMENT

TASTE 口感干净，风味均衡

POINT ○虽然是美洲大陆最小的国家，但咖啡产量占世界总产量约1.2%
○大量种植古老品种——波旁种

EL SALVADOR
萨尔瓦多

咖啡种植业曾一度衰退，现在又开始努力复兴。

COMMENT

TASTE 清爽的酸味

POINT ○咖啡是支撑该国经济的重要农作物

NICARAGUA
尼加拉瓜

这两个国家对日本的出口量都不多，不过近年来因其高品质备受瞩目！

COMMENT

TASTE 优质的酸味，清爽的余韵

POINT ○中美洲产量第一的咖啡生产国

HONDURAS
洪都拉斯

瑰夏、蓝山等
名品汇聚！

PANAMA
巴拿马

TASTE　馥郁的花香口感

POINT
○以瑰夏咖啡闻名的国家
○瑰夏因高品质和好口碑受到追捧

瑰夏是将来自埃塞俄比亚瑰夏村的咖啡苗移栽到巴拿马的品种，培育后一鸣惊人，大获成功。

COMMENT

MEXICO
墨西哥

TASTE　适宜的油脂感

POINT
○种植的几乎全都是阿拉比卡种
○全世界约60%的有机咖啡都产自墨西哥

墨西哥是一直稳扎稳打出产咖啡的国家。

COMMENT

JAMAICA
牙买加

TASTE　优雅与均衡的典范

POINT
○以蓝山咖啡闻名的国家
○受欢迎程度与夏威夷的科纳咖啡比肩

按照政府制定的标准，只有在蓝山地区种植且在法律指定的工厂接受处理的咖啡才能被冠以"蓝山咖啡"之名。

COMMENT

亚洲和环太平洋地区

ASIA/PACIFIC OCEAN

这些地区的咖啡风味浓郁。

HAWAII
美国夏威夷州

TASTE 顺口而柔和的酸味

POINT ○以科纳咖啡闻名的地区
○只有在夏威夷岛的科纳地区种植的才是科纳咖啡

科纳咖啡产量少、价格高，常与其他咖啡豆拼配后冠以"科纳咖啡"之名销售。购买时别忘了确认拼配比例！

COMMENT

VIETNAM
越南

TASTE 罗布斯塔种苦香浓烈

POINT ○罗布斯塔种产量世界第一
○因风味强烈，常用作拼配，或加入炼乳一起饮用

100%罗布斯塔种制成的咖啡有一种类似轮胎橡胶的浓烈味道与香气！

COMMENT

INDONESIA
印度尼西亚

TASTE 脱颖而出的醇厚感

POINT ○以曼特宁咖啡闻名的国家
○生产的咖啡中90%是罗布斯塔种，10%是阿拉比卡种，曼特宁是阿拉比卡种

曼特宁咖啡酸味较少，适合喜欢醇厚浓烈风味的人。

COMMENT

中东地区和非洲

 MIDDLE EAST/AFRICA

YEMEN
也门

TASTE 个性十足的果酸风味

POINT
○以歌曲《咖啡伦巴》中提及的"摩卡玛塔利咖啡"闻名
○摩卡咖啡的名字源自咖啡曾经由摩卡港运往世界各地的历史

20世纪90年代初期,日本咖啡店的经典咖啡就是也门的摩卡玛塔利。 COMMENT

ETHIOPIA
埃塞俄比亚

TASTE 芬芳的香气与水果般的酸味

POINT
○咖啡的发源地,知名的品种有摩卡哈拉、摩卡西达摩等
○这个国家还有大量未被开发的原生种

对咖啡爱好者来说是魅力不可抵挡的国度。相传,咖啡树正是在埃塞俄比亚被人发现的。 COMMENT

KENYA
肯尼亚

TASTE 果味十足,令人精神为之一振的酸味

POINT
○非洲的两大咖啡热门产地分别是坦桑尼亚与肯尼亚
○每年有两次雨季,采收期也有两次

肯尼亚出产很好的咖啡,这里的咖啡豆在日本也大受欢迎。 COMMENT

原来如此，非洲咖啡豆
的特点是水果风味。

TASTE　余韵清爽

POINT　〇以乞力马扎罗咖啡闻名的国家
　　　　〇降水充沛，土壤富含火山灰，非常
　　　　　适合种植咖啡

TANZANIA

坦桑尼亚

乞力马扎罗其实是个非常宽泛的
定义，从布科巴以外地区采收的咖
啡豆均可冠以乞力马扎罗之名。

COMMENT

TASTE　罗布斯塔种具有独特的苦味

POINT　〇说到乌干达，自然联想到罗布斯塔种
　　　　〇最近开始少量种植阿拉比卡种

UGANDA

乌干达

也许大家对乌干达的咖啡会感到
比较陌生,近年来在日本也能买到
产自乌干达的咖啡了。

COMMENT

TASTE　卢旺达咖啡特有的柔和酸味

POINT　〇咖啡成为该国农业的支柱，为国家复
　　　　兴贡献力量

RWANDA

卢旺达

我非常喜欢卢旺达的咖啡豆！

COMMENT

什么是瑕疵豆

一粒一粒筛选非常细致

是什么呢?

我有幸观摩了山下小姐的烘焙流程。她首先将生豆倒在白纸上摊开，接着开始一粒一粒对生豆进行观察与筛选。被剔除出来的叫作"瑕疵豆"，也就是不合格的咖啡豆。乍看之下可能会感到奇怪，这粒豆子为什么不能用呢？然而与合格的咖啡豆一对比，答案一目了然。瑕疵豆都是有缺损、变形或碎裂的豆子。

原产国当然也会对生豆进行分选，不过山下小姐在收到生豆后还会进一步仔细筛选。

虽说碎裂了，但这些都是同一批次的咖啡豆。

摊开一看
……

仔细观察发现……

碎裂

缺损

我问："将它们一起烘焙，味道不是都一样吗？"然而，山下小姐解释道，如果形状不统一，烘焙时会造成品质参差不齐。如果混入了虫蛀豆或过度发酵豆，还会影响咖啡的风味。比如出现异味或刺激性强的其他味道。

竟然还要再次分选

不仅如此，咖啡豆烘焙之后，山下小姐还要再做一次分选。她介绍道，要制成美味的咖啡，再次分选是非常重要的。确实，山下小姐的咖啡不仅风味温润，还有如饮山泉一般清澈干净的口感。我想，这一定是两次分选的功劳。

回到家，我将当下在喝的烘焙豆摊开细细观察，结果太让我惊讶了！只是一小把咖啡豆，却挑出了这么多瑕疵豆！

真不少！

渐渐让人爱不释手的咖啡豆

过去，我从未在意过咖啡豆的形状，甚至还认为它们个性十足，看起来十分可爱。我挑出瑕疵豆，用剩下的好豆为自己冲泡了一杯咖啡，果然觉得味道比平时的更纯净。

瑕疵豆不过因为形状不规整，就落得被丢弃的下场是不是有些可惜呢？其实，也有让瑕疵豆变得更有价值的方法！比如，将瑕疵豆收集起来，装入玻璃容器中当作笔筒。咖啡豆具有除臭效果，还可以将瑕疵豆磨成粗粉后装入网眼袋，放进鞋子里当作除臭剂。

在家磨豆或是在店里磨豆

终于进入在家制作咖啡的环节了！本节将由人人咖啡馆（ONIBUS COFFEE）的主理人坂尾笃史老师从磨豆开始，依次为大家介绍使用各种咖啡器具萃取咖啡的步骤与诀窍。

坂尾先生在澳大利亚旅行时，体验到了当地成为人与人之间纽带的咖啡文化，深受感动。他希望在日本也能形成这样的咖啡文化，于是义无反顾地投身到咖啡事业中。坂尾先生的咖啡馆的名字"ONIBUS"在葡萄牙语中是"公交车"和"我为人人"的意思，寄托着他希望用咖啡编织起人与人之间纽带的心愿。

人人咖啡馆 八云店
（ONIBUS COFFEE）
东京都目黑区八云4-10-20

坂尾笃史
人人咖啡馆（ONIBUS COFFEE）主理人。2012年第一家咖啡馆在日本东京奥泽开业。目前，东京有5家店铺，越南有1家店铺。他积极探访非洲与中美洲的咖啡种植园，在经营中十分重视可持续性交易和原料产地的可追溯性。

建议咖啡新手多找店员咨询！

STEP 1 让信任的店家代为磨豆

我想请坂尾先生为大家讲解如何在家冲泡出美味的咖啡。不想在外面买咖啡或喝速溶咖啡的时候，在家冲泡咖啡首先要从购买咖啡豆和磨豆开始。新手究竟该如何入门呢？

刚开始，推荐大家在咖啡店购买咖啡豆，并请店家代为磨豆。一定要告知店家，在家做的是滴滤咖啡，还是用法式滤压壶或其他器具萃取咖啡，店家会根据使用的器具调整合适的研磨度。商用的咖啡磨豆机性能远超家用的，刀刃也比较好，磨出的咖啡粉萃取率更高。如果一开始就尝试自己磨豆，想要精准地调整出合适的研磨度有一定难度，刚入门时就请交给店家吧。

STEP **2** 尝试在家磨豆

咖啡磨豆机的种类也有很多。

用店家代磨的咖啡粉冲泡后，接下来就该尝试自己磨豆了！不过，应该如何挑选咖啡磨豆机呢？

在价格方面，咖啡磨豆机的价格从几百元到几千元不等。高价咖啡磨豆机使用陶瓷磨芯，磨出的咖啡粉颗粒更均匀。不过几百元的咖啡磨豆机在性能上差别不大，大可按照设计感选择自己喜欢的产品。自动咖啡磨豆机与手动咖啡磨豆机的区别就是自动更省力，仅此而已。

按照自己的喜好来选就可以！

手动咖啡磨豆机

适合喜欢自己研磨咖啡豆的人，手工感满满。

自动咖啡磨豆机

适合懒人，非常省力。

超市也出售现成的咖啡粉，可以购买吗？

我不建议购买这类咖啡粉。买现成的咖啡粉就好比购买开瓶的啤酒。购买烘焙日期新鲜的咖啡豆，利用器具研磨成粗细合适的咖啡粉再冲泡饮用是非常重要的。

冲泡美味咖啡的8个要点

　　终于进入"萃取"，也就是制作咖啡的环节了！本节围绕比较适合在家冲泡咖啡的器具，坂尾先生会一边介绍操作诀窍，一边讲解冲泡的步骤。首先来说一说冲泡咖啡时需要掌握的8个要点。这些要点适用于所有的萃取手法。

我认为在家做咖啡时，最重要的是享受空间与时间。

　　我很喜欢尝试不同的萃取手法，家里也有许多器具。然而，因为我比较懒又很性急，或许在老师看来，我的做法应该是不合格的。借此机会，我要从头开始，学习如何使用不同的器具做出美味的咖啡！

好棒啊！不仅能做出美味的咖啡，还能享受制作的过程，这样做出来的咖啡喝起来更棒！

从下一页开始，将会为大家介绍如何使用不同的器具冲泡美味的咖啡。

冲泡美味咖啡的8个要点

精确计时

"均一性"
最重要

用咖啡秤
精确计量

选择适合
相应器具
的研磨度

提高萃取率

8 POINTS
to
KEEP IN MIND

必须使用新
鲜咖啡豆

细致而
快速

诀窍是
"搅拌"

我家用的是波顿牌法式滤压壶。
搅拌时用搅拌棒或汤匙都可以！

FRENCH PRESS

法式滤压壶

法式滤压壶采用浸泡式的萃取手法，只需用热水浸泡咖啡粉。它的特点是能充分地萃取出咖啡豆的成分与风味。使用起来不需要技巧，每次都能做出稳定的风味，是最简单的方法。我第一次在家做咖啡，就是用的法式滤压壶。

RECIPE 坂尾先生的记录

研磨度	中研磨（近似粗砂糖）
水粉比	16：1 （水240毫升、咖啡粉15克）
闷蒸	4分钟
水温	刚煮沸的热水
风味	不论味道好坏，法式滤压壶都会完整地呈现咖啡豆原本的风味

浸泡式

简单

诀窍是一口气注入热水！当然，充分搅匀也非常重要。

萃取方法 步骤很少，最适合 | **工具准备**
新手入门 | 法式滤压壶、
搅拌棒

① 一口气注入热水 `0:00` | ② 闷蒸4分钟 `4:00`

此时加不加盖均可。

将法式滤压壶放在
咖啡秤上后清零，
放入15克咖啡粉，
注入240毫升热水。

③ 充分搅拌 | ④ 按下推拉杆

搅拌至咖啡粉均匀
分布在咖啡液中。

PUSH!

我用的是哈里欧牌的V60滤杯。滤纸要注意选择匹配滤杯形状的产品哦！

PAPER DRIP

滤纸冲泡法

滤纸冲泡法是使用热水注入咖啡粉后透过滤纸滤下的手法。冲泡技巧越高超，就越能轻松地做出自己喜欢的美味咖啡。这种萃取手法不仅具有挑战性，还乐趣十足。我现在仍然在每天不断试错，磨炼滤纸冲泡的手法。

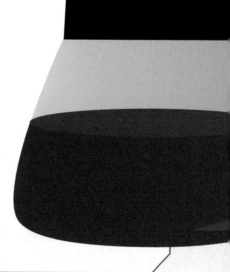

容易做出自己喜欢的风味。

很有自己冲泡的体验感。

RECIPE　坂尾先生的记录

研磨度	中研磨（近似粗盐粒）
水粉比	17.3：1 （水 225 毫升、咖啡粉 13 克）
闷蒸	30秒
水温	95℃左右
风味	清爽的味道，没有杂味，只萃取咖啡豆的精华部分

滤纸的气味会影响咖啡的风味，一定要在冲泡前先浸湿滤纸。

第一次注水后应注意摇晃均匀。

 **萃取方法**　随着手法的精进,咖啡风味会越来越好

工具准备
滤杯、滤纸、下壶或咖啡杯

① 闷蒸　`0:00`

下壶滤杯放在咖啡秤上,放入13克咖啡粉,第一次注水40毫升。

② 拿起滤杯绕圈摇匀

让热水均匀地浸润全部咖啡粉。

③ 由中心到边缘,画圈注入热水　`0:30`

第二次注水80毫升。

④ 再次由中心到边缘注水　`1:00`

第三次注水60毫升。

⑤ 在2分半到3分钟内将热水全部滤下　`1:30`

第四次注水45毫升。

适合懒人!　**浸泡式滤杯**　| 水粉比为16.7:1(水300毫升、咖啡粉18克)

① 闷蒸

注水60克

关闭开关,不让热水滤下。

② 注水

第二次直接注水300毫升。

③ 完成

打开开关,让咖啡滤到下壶中。

爱乐压只有一种品牌,将活塞和滤杯等萃取所必需的工具整合到了一起。

AEROPRESS

爱乐压

爱乐压形似一支巨大的注射器。不少人可能会认为,用这种形状的器具做咖啡肯定不容易。其实爱乐压很好上手,不易失败。我有一阵子非常喜欢用爱乐压,一直拿它萃取咖啡。

有趣、新奇

最适合露营时用

RECIPE　坂尾先生的记录

研磨度	细研磨(近似细盐粒)
水粉比	11:1 (水200毫升、咖啡粉18克)
闷蒸	30秒+20秒
水温	85℃左右
风味	香气突显,风味醇厚

耗时较短,快速按压萃取!

操作简单,但追求细节则有无限深挖的潜力。

萃取方法

便宜又好玩，新型咖啡器具

工具准备
爱乐压（成套销售）

① 润湿滤纸

② 将盖子盖到滤筒上

③ 注水 `0:00`

放上咖啡秤后第一次注入30毫升热水。

④ 闷蒸

搅拌。

⑤ 注水 `0:30`

注水170毫升，再次搅拌。

⑥ 按下活塞

PUSH!

`0:50`

在 50 秒 至 1分10秒之间将活塞按下。

享受不同风味！ 更为简便的冲泡方法

① 注水

注水至第2格刻度线。

② 搅拌

画圈搅拌5次。

③ 注水

第2次注水至第4格刻度线。

④ 搅拌

画圈搅拌1次。

⑤ 按压

PUSH!

按下活塞。

做咖啡只需要一把摩卡壶，还有大、中、小不同尺寸哦！

MOKAPOT

摩卡壶

总之就是简单。

　　为了在家做咖啡特意购置意式咖啡机可能有些不划算。其实只要有摩卡壶，就能做出近似意式浓缩咖啡的风味！掌握了这种器具的使用手法，还可以制作拿铁、卡布奇诺和摩卡咖啡等多种花式咖啡，为家庭咖啡来个大升级！

RECIPE　坂尾先生的记录

研磨度	极细研磨（近似细砂糖粗细）
水粉比	4.6：1 （水 60 毫升、咖啡粉 13 克）
风味	采用加压萃取，风味近似意式浓缩咖啡

调制后能制作多种咖啡。

从1杯份到18杯份，可选择不同的分量。

冲泡时随意一些也没关系，全部交给摩卡壶来处理。

萃取方法 无须特殊技巧，简单制作意式浓缩咖啡

工具准备
摩卡壶（分大、中、小3种尺寸）

① 转开摩卡壶，取下下半部分

② 在粉槽中加入咖啡粉，在下壶中加入水

放入咖啡粉后压平。

③ 组装上半部分，拧紧。开火加热

④ 咖啡开始涌入上壶后，关火

听到"扑哧扑哧"的声音就是萃取开始的信号。

喝法推荐 可以直接饮用，调制后也很美味！

冰拿铁
倒入牛奶后加冰块。

意式浓缩咖啡
加入白砂糖，像意大利人那样喝。

美式咖啡
加入热水做成美式咖啡。

挑战拉花

　　咖啡师会用牛奶做出漂亮的树叶和爱心等拉花。虽然很多人想要在家尝试拉花，但又觉得很难实现，因为家里没有专业意式咖啡机的拉花蒸汽喷嘴。其实不需要意式咖啡机也能制作拉花，非常值得一试！

就算拉花失败，也能做出一杯有着蓬松奶泡的拿铁，不要气馁！

需要的器具

摩卡壶
前文介绍过的能轻松制作出近似意式浓缩咖啡的优秀器具。

拉花杯
将牛奶倒入拉花杯中，一边注入咖啡，一边描绘出图案。

打奶泡器
在超市或网店都能买到。

先制作蓬松的牛奶。

拉 花 的 做 法

准备意式浓缩咖啡

用摩卡壶制作意式浓缩咖啡。做法请参考P69。

将牛奶打成细腻的奶泡

将200毫升牛奶加热至65 ℃～70 ℃，然后倒入拉花杯中，使用打奶泡器搅打。操作诀窍是将打奶泡器插入拉花杯底部后再打开。一般搅打30～40秒便会形成奶泡，完成后将拉花杯在桌面上轻轻敲几下，排出过大的气泡。

1 从较高处向咖啡杯的正中央注入牛奶。

2 待注入约一半牛奶后将拉花杯凑近咖啡杯。

3 最后轻轻向上提，好像在奶泡上画出一条线那样收尾，爱心拉花完成。

这些是我做的拉花。

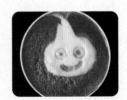

懒人在家做出美味咖啡的3个要点

前文中也反复提到了，我这个人大大咧咧的，总是希望那些琐碎的事情越少越好。不过，通过坚持在家做咖啡，虽然无法达到专业咖啡师那样级别的手法，但我总结出了3个适合懒人在家制作咖啡的要点。只要做到这3点，在家也能做出美味的咖啡！

1　将咖啡豆冷藏或冷冻

虽然咖啡豆不按照存储条件保存不至于引发食物中毒，但是特意买回家的咖啡豆，还是希望尽可能地保持其新鲜。咖啡豆最怕光照、氧化与受热，这三者会使咖啡豆的新鲜度、风味与香气加速流失。我建议不要将咖啡豆换容器保存。

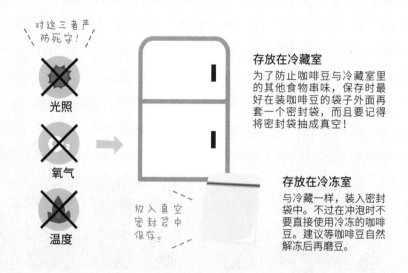

对这三者严防死守！

光照

氧气

温度

放入真空密封袋中保存。

存放在冷藏室
为了防止咖啡豆与冷藏室里的其他食物串味，保存时最好在装咖啡豆的袋子外面再套一个密封袋，而且要记得将密封袋抽成真空！

存放在冷冻室
与冷藏一样，装入密封袋中。不过在冲泡时不要直接使用冷冻的咖啡豆。建议等咖啡豆自然解冻后再磨豆。

2　计量工具绝对不能少

　　看过前文介绍的各种冲泡方法便会发现，称重计量真的非常重要！在做咖啡时请一定要使用计量工具！不同的咖啡馆、咖啡书籍或者萃取方法，推荐的水粉比可能会有所不同，不过一般会采用黄金水粉比16∶1（水∶咖啡粉），即15克咖啡粉使用240毫升水冲泡。

咖啡秤可以用普通的厨房秤代替，要是带计时功能就更好了！

黄金水粉比。

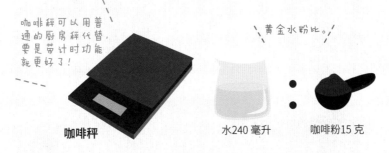

咖啡秤　　　　　　水240毫升　　　咖啡粉15克

3　水烧开后等待45秒

　　很多人在水烧开后就立刻将其倒出来冲泡咖啡，其实最好等水温回落到85℃～94℃再开始冲泡。如果觉得冲泡咖啡还要准备温度计太麻烦，那不妨在水烧开关火后再等待约45秒，此时的水温基本会回落到约90℃。

水开后不要直接冲泡。

等待45秒，让水温回落至约90℃。

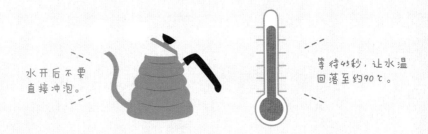

分门别类，面包与咖啡的绝配组合

从处理咖啡豆到冲泡咖啡，一杯亲手制作的家庭咖啡终于完成了。接下来就是品尝环节！我一直认为面包与咖啡是一对好搭档。本节将由"面包实验室"的主理人池田浩明为大家介绍各种面包与咖啡的绝配组合，大家不妨试着搭配品尝！

池田浩明

"面包实验室"的主理人。品尝过日本各地的面包。但凡在日本杂志或书上看到"面包"一词，这篇文章有90%的概率出自池田先生之手，他是个名副其实的资深面包爱好者。

我觉得不论哪种咖啡、哪种面包，搭配在一起都很不错，您怎么看呢？

不同的搭配确实会产生出很多绝妙的滋味。咖啡专业人士"耕耘咖啡烘焙工作室"的冈内贤治店长也为本节提供了很多思路。接下来就为大家介绍面包与咖啡的绝配组合。

提供专业建议的咖啡店铺

耕耘咖啡烘焙工作室
(CAFÉ FAÇON ROASTER ATELIER)

ADDRESS
日本东京都涩谷区代官山町10-1
(10-1 Daikanyamacho Shibuya-ku, Tokyo)

吃不腻的
王炸组合。

日式咖啡店风。

— 早餐 —

黄油吐司　✕　滴滤咖啡(中烘焙)

　　搭配的关键在于带有黄油风味的中烘焙咖啡。如果选用深烘豆则会因味道太强烈而产生不和谐感。这组搭配没有味觉上的冲击力，而是一种令人熟悉怀念的组合，一起享受苦味与甜感的轮番登场吧。这组搭配能让人享受一段仿佛置身日式咖啡店的放松时光。

COMMENT

BREAD
面包

松露面包坊

—

生吐司

介于松软与柔韧之间的生吐司有着冰激凌般绵密的口感。甜度适宜，风味均衡，怎么都吃不腻。烘烤后表面焦脆，面包边微甜焦香，美味升级。

COFFEE
咖啡

耕耘咖啡烘焙工作室

—

危地马拉(中烘焙)

危地马拉咖啡豆是从营养物质丰富的土壤中培育出来的。如果选用深烘豆，吐司烤焦部分的味道与咖啡的苦味容易冲突，因此要选择具有坚果般醇厚风味的中烘豆，这样能很好地中和苦味。喝上一口，会感觉到有近似黄油的馥郁芳香在口中荡漾。

法式生活的
日常。

像巴黎女人
那样优雅。

— 早午餐 —

可颂面包 ✕ 欧蕾咖啡

法国人喜欢用盖饭碗那么大的咖啡杯喝欧蕾咖啡，
这是喝欧蕾咖啡的精髓。用可颂面包蘸一点欧蕾咖啡品
尝，感觉瞬间变身成了巴黎人。不过要注意，搭配的欧
蕾咖啡一定要奶味十足。如果咖啡味太浓，用可颂面包
蘸过后就会失去香味。

COMMENT

BREAD
面包

博内特面包坊

—

可颂面包
甜点师荻原曾去法国学习。这里的面包
不论是外皮的酥脆，还是内芯的柔软，
都非常让人着迷。而且法国产的小麦与
黄油相结合，能让人回想起在巴黎吃过
的可颂。这是法国人早餐最经典的面
包，也是咖啡馆的招牌餐品。

COFFEE
咖啡

耕耘咖啡烘焙工作室

—

哥斯达黎加 高地庄园 (EL ALTO, 中深烘焙)
将巧克力风味的咖啡豆做中深烘焙处
理。这样的咖啡豆最终冲泡成的咖啡
不是黑巧克力风味，而是有着如牛奶
巧克力般丝滑的醇厚与回甘，最适合
加入温热的牛奶做成欧蕾咖啡。

香料满满！

特别适合搭配
冰咖啡。

— 午餐 —

咖喱面包 ╳ 冰咖啡

　　浓稠厚重、香料满满的咖喱面包配上冰凉爽口的苦味咖啡，清爽解腻，令人食指大动。搭配的重点是用带有苦味的冰咖啡唤醒充满咖喱味的舌头。如今，咖喱面包的种类越来越丰富，与新品种层出不穷的精品咖啡搭配最合适不过。

COMMENT

BREAD
面包

SHIMA 面包坊

—

咖喱面包

精心研究香料，使用独家秘方的原创辛辣咖喱。鸡肉与番茄存在感十足，鲜香浓郁，与香料的清爽香气相得益彰。咖喱面包已经从追求咖喱浓稠度走入了追求食材风味的新时代。

COFFEE
咖啡

耕耘咖啡烘焙工作室

—

肯尼亚(中烘焙)

肯尼亚产的咖啡豆经浅烘焙或中烘焙处理后呈现出花香调的酸味，而经中烘焙到深烘焙处理后酸味减弱，苦味与醇厚感突显。如果要搭配普通的咖喱面包，选择哥伦比亚深烘豆或曼特宁等油分较多的咖啡豆也很不错。

"苦口良药"。

用巧克力与意式浓缩咖啡的浓郁风味振奋精神。

— 下午茶 —

巧克力可颂 ✕ 意式浓缩咖啡

意式浓缩咖啡直冲脑门的强烈风味与比利时巧克力的浓郁口感，双重刺激带来的是"苦口良药"般的下午茶组合。意式浓缩咖啡的萃取时间很短，香味会很快流失，建议出品后尽快饮用。要体验巧克力带来的振奋感，建议选用法国或比利时产的巧克力。

COMMENT

BREAD
面包

博内特面包坊

—

巧克力可颂

巧克力可颂有着可颂面包同款口感，外皮酥脆，内芯湿润柔软。馅料选用比利时产的巧克力，有着浓郁的可可芬芳与酸味，能给人带来精神一振的刺激感。

COFFEE
咖啡

耕耘咖啡烘焙工作室

—

6种拼配（中深烘焙）

巧克力可颂的黄油香味与巧克力的风味相得益彰，带来层次感丰富的味觉享受。使用的拼配为哥伦比亚深烘豆30%、危地马拉深烘豆20%、埃塞俄比亚日晒中烘豆20%、危地马拉中烘豆10%、哥斯达黎加中烘豆10%、哥伦比亚中烘豆10%。

能尝出草莓大
福的味道。

和风点心。

— 早午餐 —

豆沙面包 ✕ 滴滤咖啡（水果味）

建议选择标注有水果风味的咖啡豆。搭配豆沙面包
一起吃，竟然可以尝出草莓大福的味道！选择柑橘风味的
咖啡豆，就是柚子与豆沙的组合。选择有肉桂香味的咖啡
豆，能尝到类似八桥和果子的味道。浅烘焙的咖啡豆有类
似茶的风味，而深烘焙的咖啡豆则浓郁醇香。

COMMENT

BREAD	COFFEE
面包	**咖啡**
十二分面包坊	耕耘咖啡烘焙工作室
—	—
十二分豆沙面包	**埃塞俄比亚日晒（浅烘焙）**
面包突显小麦本身的香甜与鲜美，与豆沙馅料的平衡感极佳。口感软糯，面包中加入的黄油，将油脂作为联结咖啡的桥梁，很好地将和风的豆沙面包与西式的咖啡组合到了一起。	带有莓果的馥郁风味，同时也有着近似红酒的香醇。为了突显果香个性，推荐浅烘焙处理。与豆沙面包搭配，两者的风味会在口中出现奇妙的化学反应。

在富士山山顶喝咖啡

曾有人问过我这样一个问题："你在哪里喝到的咖啡最美味？"除了日本各地，我还前往世界各地喝过许许多多美味的咖啡。不过，最美味的那一杯咖啡不在美国西雅图如世外桃源般的咖啡馆里，不是在巴西咖啡种植园品尝到的咖啡，不在第三次浪潮系咖啡馆里，也不在古早风的日式咖啡店中。这杯咖啡与是否有机或公平交易也没什么关系，它只是一罐普普通通的罐装咖啡。

那是随处都能买到的、真真正正的普通罐装咖啡。这个回答是不是有些令人失望？只不过，我是在富士山的山顶喝到了那罐最美味的咖啡。

我记得当时我一边抱怨"真不应该来登富士山"，一边在一片漆黑的深夜里连续登山5小时，最后终于登上了富士山山顶。为了缓解极度疲劳与寒冷而喝下的那一罐甜甜的罐装咖啡，真是美味得无与伦比。它只是一罐普通的罐装咖啡，却美味到让我在喝了一口后震惊地两次查看包装确认是不是搞错了。

在山顶，面前是一片迎接日出的云海。在我手中的是山下自动贩售机只需120日元（折合人民币约6元），而这里却卖400日元（折合人民币约20元）的罐装咖啡。然而，这罐咖啡的美味却是无价的。

决定食物与饮品味道的，或许是当时身处的环境。我人生中喝过的最美味的咖啡，是在3776米的山顶上，一边欣赏壮丽风景，一边品味的罐装咖啡。你又有哪些奇妙的关于喝咖啡的故事呢？

第4章

咖啡的潮流动态

　　说到咖啡界的潮流动态，你可能会觉得层次太高，感觉有些难懂。别担心，我会非常接地气地做一个简单的介绍。进一步了解咖啡的故事，会让品味咖啡变得更加有趣，还能为我们推开更多美味咖啡的新世界大门。

了解历史，把握当下

第三次咖啡浪潮是张扬个性的新潮流

喝咖啡的人想必都听说过"第三次咖啡浪潮"这个说法。也许你会有一种模糊的印象，认为在第三次咖啡浪潮的背景下兴起了当下时髦的咖啡馆。本节将为大家解答究竟何为第三次咖啡浪潮。

其实有着深远的历史背景！

首先从名字说起，"浪潮"就是"运动"的意思，本节名叫"第三次咖啡浪潮"，历史上还有第一次咖啡浪潮和第二次咖啡浪潮。

第一次咖啡浪潮
19世纪后半期～20世纪60年代初

第二次咖啡浪潮
20世纪60年代后期～21世纪初

第三次咖啡浪潮
21世纪初期至今

First Wave
第一次咖啡浪潮

速溶咖啡的时代

　　第一次咖啡浪潮开始于很久以前，大约从19世纪后半期开始。随着咖啡贸易的兴起，咖啡进入了工业化大生产的时代。第一次咖啡浪潮使得咖啡变成能在家中随意饮用的方便饮品。

✓ **喝咖啡曾十分麻烦**
过去，想喝咖啡必须购买生豆，然后自己在家烘焙，十分不便。

✓ **速溶咖啡成为主流**
当时大家喝的是做成粉状的速溶咖啡。

✓ **进入工业化大生产时代**
大型企业开始大量生产便于饮用的咖啡。

✓ **毫无咖啡知识**
很多人虽然喝咖啡，却不知道咖啡是从树上采收的。

✓ **品质低劣**
品质低劣的速溶咖啡很多，因为又浓又苦，人们喝时会加入大量的糖和奶。

相比起追求风味，冲饮方便快速才是优先目的。

第一次咖啡浪潮 ＝ 为消费而生的咖啡（速食化）

Second Wave
第二次咖啡浪潮

意式浓缩咖啡大受欢迎

1966年，皮爷咖啡在美国加州伯克利开业。以此为契机，难喝的速溶咖啡逐渐被取代。皮爷咖啡将优质的阿拉比卡咖啡豆深烘焙后拼配，制作成意式浓缩咖啡，由此掀起了第二次咖啡浪潮。

✓ **开始发现咖啡的魅力**
人们逐渐发现，原来现磨优质咖啡豆冲泡出来的咖啡竟如此美味！

✓ **星巴克的由来**
1971年，居住在西雅图的3位高中老师受到皮爷咖啡的启发，开始经营理念类似的新咖啡馆。它就是现今咖啡界的王者——星巴克！

✓ **意式浓缩咖啡为基底的花式咖啡**
拿铁等无法在家中制作的、使用意式浓缩咖啡为基底的花式咖啡开始流行。

✓ **星巴克登上历史舞台**
1995年，星巴克打破了咖啡是苦味饮品的既有概念，推出了星冰乐，俘获了众多消费者的心。

✓ **咖啡馆文化兴起**
只有在咖啡馆才能喝到的花式咖啡大受欢迎，咖啡馆文化开始兴起。

咖啡豆的知识与制作咖啡的方法开始为喝咖啡的人们所熟悉。

第二次咖啡浪潮 ＝ 意在享受的咖啡（精品化）

Third Wave
第三次咖啡浪潮

从咖啡馆文化转向享受咖啡本身

从长久以来大受欢迎的拿铁、摩卡，以及近似甜品的星冰乐等种类繁多的花式咖啡回归到最基础的咖啡本身，对咖啡豆的关注引发了第三次咖啡浪潮。据说，第三次咖啡浪潮还深受红酒文化的影响。

✓ **将关注点转移到咖啡豆**
咖啡爱好者对于咖啡从何而来、由哪一家种植园培育、谁负责生豆进口、谁进行烘焙处理，以及使用何种器具冲泡等与咖啡本身相关的信息越来越感兴趣。

✓ **精品咖啡**
使用高品质咖啡豆的"精品咖啡"与保护咖农的"公平交易"等是第三次咖啡浪潮中具有代表性的关键词。

✓ **拉花大受欢迎**
用牛奶在意式浓缩咖啡中拉花大受欢迎。

✓ **手冲咖啡的时代**
在意式浓缩类咖啡的基础上，第三次咖啡浪潮后，手冲咖啡开始受到大众的追捧。

✓ **浅烘焙成为主流**
为了品味咖啡豆本身的风味，采用浅烘焙处理。

非工业化大生产的、类似红酒与精酿啤酒的个性与品质开始受到关注。

第三次咖啡浪潮 = 品味真正有价值的咖啡（美学化）

总体来说，第三次咖啡浪潮是爱喝咖啡的人们开始了解咖啡如何从一粒种子到最后萃取进入杯子的过程，是在了解咖啡豆特点的前提下，选择与之适合的萃取手法以享受咖啡豆原本风味的新潮流。

单品咖啡豆仿佛是独奏者

在第三次浪潮系的咖啡馆里，常会看到标有"单品豆"字样的咖啡豆。单品咖啡豆是与第三次咖啡浪潮密不可分的关键要素。如果以音乐作比喻，单品咖啡豆就像是独奏者，而拼配咖啡豆则相当于一支乐队。

在咖啡馆喝到的咖啡使用的咖啡豆和从咖啡馆购得的咖啡豆，其实大多数是拼配咖啡豆。这是将多个国家、产地或多个品种的咖啡豆巧妙组合，以突显店家独到风味的组合咖啡豆。

而"单一产地"的单品咖啡豆不是指咖啡豆产自巴西或埃塞俄比亚等单一国家，而是指咖啡豆能更细致地追溯到其中的某一个种植园（原产地）。

日本超市中的蔬菜卖场常会看到在蔬菜旁附上生产者照片的推销法，如"这是我种的蔬菜"或"藤泽农场的大川先生种植的番茄"等。单品咖啡豆就类似这种生产方式。

"单品咖啡豆"具体指能够清晰追溯原产国、特定产区、具体种植园、由谁以何种处理法生产的咖啡豆。这段说明或许有点复杂，但我相信你一定已经明白了。像这样能够溯源的食品生产方式，在今后将会逐渐成为主流。

单品咖啡豆的优点

1

不同产地有各自独特的风味

第3章曾简要地介绍了各主要咖啡产地出产的咖啡豆的风味特点。每个国家的气候、土壤、降水各不相同。不同环境下生长出的咖啡豆也有着迥然不同的风味特点。使用单品咖啡豆可以很好地品味不同产地的个性风味。

2

为咖农着想

以前，我在墨尔本咖啡馆喝咖啡时，店员递给我一张卡片。卡片上印有咖农的简介与照片，还介绍了咖啡豆的品种、种植园的情况与咖农的性格和想法。我一边阅读卡片上的信息，一边品味咖啡，感觉杯中的咖啡也变得格外香醇。

3

一丝不苟的处理法

因为明确标注由谁以何种处理法加工，咖农会一丝不苟地严格遵照流程生产高品质的咖啡豆。咖啡豆的品质得到认可，能够在全世界以更合理的价格销售，让咖啡成为具有可持续性的农作物。

公平交易产品是为了保护咖农

"有机"与"公平交易"是我们近几年常会听到的两个词。我大概理解它们意味着品质更好与思想进步，但要说它们具体好在哪里，为什么应该购买这类食品，就不是一两句话能说清楚的。本节让我们一起了解关于有机食品和公平交易产品的知识吧！

本节将由桑原里沙为大家讲解有机食品与公平交易产品，她是"身体喜欢、世界也喜欢的甜品"Sweets Oblige by Asa & Lisa的主理人。

国际公平交易的标准

★ **经济标准** 确保最低交易价格等。

★ **社会标准** 提供安全的劳动环境等。

★ **环境标准** 限制农药、药剂的使用等。

桑原里沙

Sweets Oblige by Asa & Lisa主理人。在国际交流、社会公益等活动中，通过撰文、讲解等方式活跃在媒体界。

在落后的发展中国家

中间商

剥削
使用童工
强迫劳动

PUNCH!

禁止！

认准这个标志！

FAIR TRADE

印有这个标志的，就是公平交易产品！

公平交易推崇有机农业，购买公平交易生产的咖啡豆，就能为保护发展中国家咖农的劳动环境贡献自己的一份力量。

"有机"是指不使用农药与无机肥料的生产加工方法。
当然，也不使用食品添加剂。
标注有"ORGANIC"或"有机"字样的就是有机食品。

为什么有机食品更好呢？

🌱 为了地球

· 使用农药杀死微生物，会让土壤变得贫瘠，破坏生态系统。
· 喷洒农药还会引发空气污染。

🌱 为了我们自己

· 残留的农药可能引发过敏或其他疾病。

🌱 为了咖农

· 接触或吸入农药和无机肥料，可能引发健康问题。

有机食品的价格高，是因为不使用农药而更多使用人工，所以生产成本才会上涨！

买咖啡时，价格便宜的商品当然更受消费者欢迎。但选择有机咖啡，意味着为保护生产咖啡豆的咖农、保护自身健康以及保护地球环境贡献了自己的力量。

什么是SDGs

请问 SDGs 是什么？

可持续发展目标

Sustainable
Development
Goals

选择首字母，缩写为SDGs

　　人类面临气候异常、贫困及性别歧视等诸多问题。如果继续保持现状，地球就会有危险！必须团结全世界人民，设定目标解决这些难题！于是，世界各国达成一致，截至2030年，计划完成17个可持续发展目标。

可持续发展目标

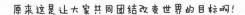

原来这是让大家共同团结改变世界的目标啊！

可持续发展是全球化目标，听起来似乎有些宏大。其实这些目标都与我们的日常生活息息相关。

特别是SDGs第12项涉及的"负责任消费和生产"，购买有机或公平交易的产品，就是在为人类更美好的未来贡献自己的一份力量。

企业也不应该只考虑经济利益，而应该更多地思考企业的社会责任，采取让地球和人类可持续发展的经营方式。在未来，只有这种经营方式才能得到消费者的认可，从而获得更多投资。

另外，SDGs第17项"促进目标实现的伙伴关系"也非常重要。为了实现这些宏伟的目标，让世界变得更美好，不能只依靠个人，必须大家齐心协力，共同推进。

不问人种，无关国籍，我们人类的未来必须由全人类携手开创。

最后，我想说：我们能够通过自己的力量让世界变得更好！

每天都会喝咖啡，了解自己的身体摄入的是怎样的食物也是对自己负责。另外，挑选咖啡豆还会对咖农、环境、地球产生影响，今后应更注意精挑细选！

无咖啡因咖啡是如何生产的

无咖啡因咖啡，一般简称为"无因咖啡""脱因咖啡"或"低因咖啡"。这是去除了咖啡因后的咖啡，对咖啡因敏感的人群、孕妇以及哺乳期的妈妈都能放心饮用。虽然我每天都在喝含咖啡因的咖啡，但还是想了解关于无因咖啡的知识！

不仅是咖啡，茶与可乐中也含有咖啡因。咖啡因具有提神和兴奋的作用，能让人精神振奋，一扫倦意。话虽如此，也要注意适量摄入。

GOOD

(适量摄入)

·提神作用让头脑清醒
·兴奋作用能缓解疲劳
·扩张血管作用能促进血液循环
·利尿作用有助于代谢废物的排出

BAD

(过量摄入)

·头晕恶心
·腹泻
·烦躁不安
·在孕期摄入过量可能导致新生儿体重偏轻

没错！

凡事适度最重要。

　　单看咖啡因的副作用确实有些令人不安，但这些都是摄入过量引发的，适量摄入不必太过担心。世界卫生组织和日本厚生劳动省都认为，孕妇每天摄入2～3杯的咖啡是安全的。

　　不过，前文中也介绍了，咖啡豆是果实的种子，种子本身就含有咖啡因。究竟怎么做才能只去除种子中的咖啡因成分呢？我一直以为，可能是通过选育不含咖啡因的咖啡树来生产无因咖啡豆。然而查阅了无因咖啡的生产方法才知道，原来背后竟然隐藏着这么多科学知识。

\ 咖啡因的提取方式大致分为4种。/

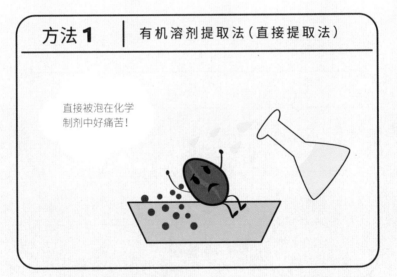

方法 1 ｜ 有机溶剂提取法（直接提取法）

直接被泡在化学制剂中好痛苦！

　　这是1906年发明的提取方法，现在几乎不再使用了。而且这种方法具有危险性，所以在日本被明令禁止。这种方法会用强力的化学制剂如苯等有机溶剂直接接触咖啡豆来提取咖啡因。使用经过这样处理的咖啡豆，甚至比直接摄入咖啡因还要危险。

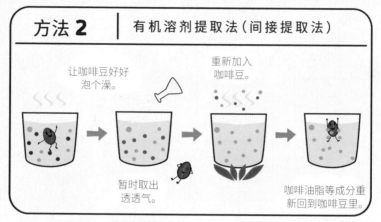

方法 **2** | 有机溶剂提取法（间接提取法）

让咖啡豆好好
泡个澡。

暂时取出
透透气。

重新加入
咖啡豆。

咖啡油脂等成分重
新回到咖啡豆里。

　　这是使用有机溶剂的提取方法，过程中咖啡豆不会直接接触有
机溶剂。具体做法是，先将咖啡豆长时间浸泡在热水中，提取出咖
啡因、咖啡油脂等为咖啡的成分。然后取出咖啡豆，在含有咖啡成分
的浸泡液中加入化学制剂提取出咖啡因。最后将咖啡豆加入提取咖
啡因后的浸泡液，让咖啡油脂等成分重新回到咖啡豆里。

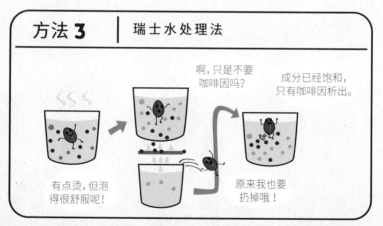

方法 **3** | 瑞士水处理法

啊，只是不要
咖啡因吗？

成分已经饱和，
只有咖啡因析出。

有点烫，但泡
得很舒服呢！

原来我也要
扔掉哦！

　　这是百分百安全的、不用化学制剂的方法。用热水浸泡咖啡
豆后，使用只滤出咖啡因的过滤装置过滤，之后丢掉脱因的咖啡
豆。接着在去除咖啡因、只剩咖啡豆其他成分的浸泡液中加入新
的咖啡豆，因为浸泡液中咖啡豆成分已经饱和，所以新加入的咖
啡豆不会再析出其他成分，只有其中的咖啡因被提取到了浸泡液
中。反复操作，直至提取出99%的咖啡因。

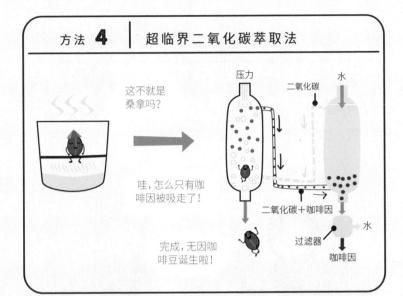

方法 **4** | 超临界二氧化碳萃取法

这不就是桑拿吗?

压力

二氧化碳

水

哇,怎么只有咖啡因被吸走了!

完成,无因咖啡豆诞生啦!

二氧化碳+咖啡因

过滤器

水

咖啡因

单看名字就充满科技感,其加工过程也融入了科学技术。介于气体与液体之间的状态被称为"超临界状态",这种处理方法是让咖啡豆通过加压后的超临界流体态二氧化碳,从中提取咖啡因。咖啡豆在超临界状态下会将表面的气孔全部打开,而超临界流体的二氧化碳非常敏感,会快速分解物质,从而将气孔全开的咖啡豆中的咖啡因吸除,无因咖啡豆就诞生了。不用说,这也是一种能令人放心的安全生产方法。

在日本,只能使用瑞士水处理法与超临界二氧化碳萃取法。

最近通过品种改良,还培育出了天然含有较低咖啡因含量的咖啡树品种!

音乐、小说、慢跑、桑拿

和志同道合的朋友一起品咖啡，畅所欲言

本节我将和说唱歌手兼小说家水谷聪史聊一聊咖啡。他是嘻哈说唱组合"HOME MADE家族"的成员之一。原本只想简单聊一聊，结果我们两个人聊了整整4个小时！

是咖啡创作了所有的作品。

1996年，水谷聪史老师与在名古屋的某所大学相识的朋友组成了初期组合。2001年，组合变成由现在的3人组成的"HOME MADE家族"。当时，我与组合的另一位说唱歌手在一起打工，于是有机会去看了他们的演唱会，这是我与水谷先生相识的契机。这都是20多年前的事了。

成为小说家的契机

岩田亮子（以下略为"亮"）：我去看了你们中止音乐活动前最后一场演唱会，当时还在想，不知道你以后有何打算，没想到竟然成了小说家！请问是什么契机让你开始了文学创作呢？

水谷聪史（以下略为"聪"）：以前，我每周阅读一本书，然后在书评网站上发表读后感。偶然看到这些读后感的编辑联了我，这成为我开始文学创作的契机。编辑联系我时，并不知道我其实是个音乐人，而我也从未因为音乐以外的事情受到称赞，就满口答应说："我愿意试试！"结果这就成了日后"修罗地狱"的开始。

亮：原来编辑联系你的原因不是出于名人效应，单纯只是因为你能够深入地解读一本书，还能写出漂亮的文章啊，太厉害了！有太多太多

的人希望成为作家或音乐人，你却能两者兼得，你到底是何方神圣？

聪：我当时完全不知道写小说的章法，真的差点放弃。编辑发回的稿全是红笔标注，但又没有明确地告诉我什么地方应该怎么改。我只能把修订稿拿回家，一边哀号一边修改。在小说创作中，我感慨原来语言需要推敲到这个程度，有时还会后悔，要是过去的歌词也能写得更细致一些该多好啊！

创作离不开咖啡

聪：不论是小说家还是音乐人，手边都少不了咖啡，我甚至觉得所有的成功创作都源自咖啡。

亮：嗯！我之前都没有注意到这一点，你说得太对了！从事创意类工作的人大都是咖啡爱好者。

聪：仔细想来，咖啡给了我很多帮助。在写这次出版的长篇小说时，我一直一边喝着咖啡一边写作，不知道喝了多少杯咖啡才诞生了这部小说。不仅是我，我想很多人都是这样，为此还重新翻阅了不少书。比如，村上春树先生在《我的职业是小说家》中就介绍了从冲泡咖啡到开始执笔的日常工作流程，还有不小心将咖啡洒到书稿上的逸事。你看，就连村上春树都如此依赖咖啡。我甚至想过，如果这个世界上没有咖啡，或许音乐与小说都不会诞生。

亮：我开始写作的契机也是咖啡，如果没有咖啡，别说出书了，我根本就不会从事这份工作，现在的这个我将不复存在。在阅读小说和散文时，如果文中提及咖啡，我还会因为了解到原来这位作家也喜欢咖啡而感到莫名的欣喜。

桑拿爱好者原来也是咖啡爱好者

亮：我们都是桑拿的狂热爱好者。其实我觉得桑拿爱好者都是咖啡爱好者。我小时候因为咖啡太苦，完全喝不了。等慢慢长大，我才开始喜欢上这种苦味。桑拿也是如此，一开始我嫌太热了不愿意进桑拿房，等能够忍受桑拿房的热度后，便开始喜欢上蒸桑拿和冷水浴这样一冷一热的感觉。与咖啡一样，这种独特的魅力都是我在长大成人后才接受并喜欢上的。

聪：我曾为了去洗桑拿特意跑到芬兰，所以看到你出版的关于芬兰的书时，我忍不住高呼："太感同身受了！"当地的桑拿还有一些不成文的规矩，比如人们离开桑拿房时，会最后再淋一次冷水。发现这些细节真的好有意思。我会在洗桑拿前喝一杯滴滤咖啡，洗完后则喝冰咖啡。

亮：你每天都坚持慢跑吗？我每天跑7公里。跑之前会先喝一杯咖啡。

聪：我每天跑11公里，今天也跑了。跑完后去洗了桑拿，然后来到这里。

美国与超级便宜的咖啡

聪：《1970年的漂泊》是足立伦行先生的小说，讲述了作者为了追求自由而前往美国旅行的故事，里面有好几处描写了他一边在当地打工一边喝咖啡的场面。我儿时生活在美国，长大后想以成年人的视角观察美国，所以做背包客到处旅行，旅途中也打过短工。现在想来，当时大家确实非常重视喝咖啡的休息时间，好像喝咖啡才是正经事，工作不过是在喝咖啡之余顺带做做罢了。

亮：我回日本已经3年了，每当看到电影里出现餐馆的女服务员用咖啡壶不断为客人续杯咖啡的场景，都会产生想回美国的念头。最近看到的应该是在电影《极盗车神》里吧。这部电影的导演是英国人，他也认为这个场面是非常具有美国特色的，看来导演可能有着与我一样的憧憬吧。这些幕后故事也十分有趣。

聪：虽然是超级便宜的咖啡，却有着异国风情，让人心生向往。《福禄双霸天》里也有这样的场面，警察手里端着一杯咖啡也很有美国特色。他们就像呼吸一样自然地随时都拿着咖啡。《乐高大电影》也从咖啡开始，就连乐高小人都拿着咖啡呢！

咖啡反映性格特点

聪：我觉得对咖啡的描写反映了作者对咖啡的喜爱。我读了摄影师星野道夫先生的散文集，他提到平日里常常会端着一杯咖啡。

亮：真的吗？

聪：我都能想象，在阿拉斯加广阔的大自然中喝的咖啡一定香醇至极。星野先生写道：当我们身处都市中时，是否能够想象在同一时间，北海道的深山中，大树倾倒，棕熊正在吼叫，这一差别会让人生变得迥然不同。就好像一杯滴滤咖啡，我深深地感受到了星野先生在这些文字中所花费的时间。这不是快餐式的文章，而是在阅读的瞬间能够让时间的流逝都缓慢下来的文字。我难以想象究竟要探访多少地方、积累多少素材才能写出这样的文章。

喝着咖啡继续创作

亮：你最新的小说《在球场上听到你的歌声》非常具有音乐性！

聪：谢谢！音乐方面的才能是我的武器，今后我希望在创作时能更多地走访取材。只要有让自己心动雀跃的事物，我就能继续写作。因为喜欢，所以能不断精进，如今这个世界，假把式很快就会暴露呢！

亮：让我们一起投身下一个创作吧，希望这份心动与雀跃能转化为创造力，创作出更多的作品。当然，它们都是喝着咖啡创作而成的！

美国人喝咖啡的习惯

在美国时，我经常用马克杯装满一杯咖啡，端到屋顶上一边喝一边阅读或工作。喝完了就回到自己房间，续上一杯再回屋顶，如此反复。

美国的清晨，常会看到有人端着马克杯在家附近散步。虽说商业街里不曾见过这种光景，但不知为何，在我住过的西雅图、科罗拉多等绿意盎然的住宅区里，端着咖啡散步似乎一点都不显得突兀。

有一天，为了送出门旅行的朋友去机场，我开车去她家接她。结果朋友一手拉着行李箱，一手端着一个马克杯站在街边等我。她一边说着"太感谢了"，一边上了我的车，然后拿着马克杯非常享受地喝起咖啡来。稍微等一等！首先，坐车还拿着马克杯，万一路上颠簸，咖啡不就洒到车里了吗？而且之后还要搭乘飞机去旅行，这个马克杯要怎么处理呢？

送走了朋友，那个马克杯留在了我车里的杯架上。看到这个杯子，我忍不住笑出声来，这可真是太随意了！

就在不久之前的一天早上，我冲了一杯咖啡，然后突然想起必须马上去附近的朋友家里取一点东西。等我走到朋友家，她一看到我的架势就忍不住笑出声来。没错，我那时就端着一个马克杯。我下意识地在东京街头端着马克杯，边走边喝咖啡。真是不自觉地受到了美国人的影响！

COFFEE LESSON

第**5**章

一起去喝杯咖啡吧

COFFEE TRIP AROUND The WORLD

为了寻找一杯美味的咖啡，我去过很多地方旅行。足迹不仅遍布日本各地，只要听说国外某地有美味的咖啡，我就会找机会飞过去品尝。对我来说，旅行与咖啡紧密相连。通过咖啡感受各国各地独特的文化是咖啡旅行的精髓。不过是一杯咖啡，却有着无穷的魅力与乐趣！

咖啡爱好者认可的个性派大集合

长老级咖啡爱好者的心头好

前文中邀请到的各位老师，不，请允许我称呼他们为"咖啡长老"吧！我请各位长老介绍了他们喜欢的咖啡馆与心爱的咖啡，不论哪一家都个性十足，真是太有趣了！每家咖啡馆的氛围都令人心驰神往，好想一家一家逛个遍！

水谷聪史推荐

日式咖啡馆SEVEN

隐藏在背街小巷里的怀旧空间

水谷先生将这里描述为"昭和风日式咖啡馆，让人忘记时间流逝的地方"。他常常为了专注写作或转换心情来这家店小坐。这家咖啡馆开业近60年，店内的装饰非常有情调。除了咖啡，香肠意大利面、蛋包饭、豆沙水果凉粉等餐品也十分美味。

ADDRESS
日本东京都世田谷区三轩茶屋1丁目32-13
(1-32-13 Sangenjaya Setagaya-ku, Tokyo, Japan)

饮具与家具都怀旧感满满。

店面外观怀旧而可爱，被绿植环绕，仿佛是吉卜力电影中会出现的咖啡馆。打开店门，一段螺旋楼梯映入眼帘，仿佛真的走进了吉卜力的动画世界。

典型的古早昭和风日式咖啡馆，进入这里仿佛穿越回过去的岁月。

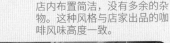

店内布置简洁，没有多余的杂物。这种风格与店家出品的咖啡风味高度一致。

斯考特·马芬推荐

暗盒咖啡烘焙工作室
(OBSCURA COFFEE ROASTERS)

社区型精品咖啡店

"我刚搬到日本不久时发现的咖啡店，常去店里小坐，至今都是我喜欢的咖啡店之一。"这里还能通过网店线上购买咖啡豆。掌握了本书介绍的技巧，在家做咖啡时一定要试试这家店的咖啡豆！

ADDRESS
日本东京都世田谷区三轩茶屋1丁目9-16
(1-9-16 Sangenjaya Setagaya-ku, Tokyo, Japan)

有挂耳咖啡，也有咖啡豆。

正如"NON BLEND"字样所示，这是不掺入其他品种的单品咖啡豆。

桑原里沙推荐

日本家族计划国际协会慈善店
(JOICFP CHARITY SHOP)

购买咖啡豆就能为社会做贡献

购买日本家族计划国际协会慈善店出品的正宗乞力马扎罗咖啡，每一袋营业额的20%将用于援助全世界需要帮助的女性。购物就能参与国际公益，值得推荐。顺带一提，购买桑原小姐主理的Sweets Oblige by Asa & Lisa的原味曲奇，也有部分营业额会捐赠给日本家族计划国际协会！

池田浩明推荐

藏书票咖啡
(COFFEA EXLIBRIS)

兼售单品豆的本格派

池田先生的评价是："在我所知道的咖啡馆中，要说咖啡特别好喝的，首先想到的就是这一家。"在这里，不仅能品尝到品种繁多的精品咖啡，面包与蛋糕的种类也十分丰富。这家店还有池田先生在面包与咖啡的绝配组合一节中提到过的日式咖啡店的王炸组合"黄油吐司×滴滤咖啡"的套餐可选。

ADDRESS
日本东京都世田谷区代泽5丁目8-16
(5-8-16 Daizawa Setagaya-ku, Tokyo, Japan)

似乎能闻到吐司扑鼻的麦香与黄油诱人的甜香。

一家小小的咖啡馆，店面装修成京都的旧时民宿风格，与古色古香的街景融为一体。

坂尾笃史推荐

周末咖啡　富小路店
(WEEKENDERS COFFEE TOMINOKOJI)

在极具京都特色的氛围中
享受一杯无上妙味

坂尾先生的评价是："咖啡的品质自然是极好的，不过我大力推荐这家的原因是在这里可以置身于京都街头的日本风情之中，享受一杯好咖啡。"好想在漫步京都的途中来这里喝一杯咖啡呀！

ADDRESS
日本京都市京区富小路通六角下西侧 骨屋之町560附近
(560m from Honeyanocho, Nakagyo Ward, Kyoto, Japan)

 斯考特·马芬推荐

成排展示的黑胶唱片。

心之光咖啡
(HEART'S LIGHT COFFEE)

音乐爱好者不可错过!

热爱咖啡与音乐的斯考特先生大力推荐这家能同时享受咖啡与音乐的咖啡馆。店内流淌着黑胶唱片播放的音乐。"买200克咖啡豆就能带走一张喜欢的唱片,因此总是忍不住来买咖啡豆。"

ADDRESS
日本东京涩谷区神泉町13-13 涩谷 Hills 1F
(1F, Shibuya Hills, Shinsencho, Shibuya-ku,
Tokyo, Japan)

 山下敦子推荐

京都奥咖啡
(Okaffe Kyoto)

冠军咖啡师的店

在日本咖啡师大赛中夺得冠军的咖啡师冈田章宏先生于2016年开设的咖啡馆。"冈田先生又被誉为咖啡师界的待客大师,碰巧遇到他本人接待,真的让人由衷地感到愉快,太享受了。当然,咖啡也好喝极了。请坐在吧台座一边喝咖啡,一边与冈田先生聊聊天吧。"

地处京都四条乌丸的小巷里,店内风格与纯正日式咖啡店文化一脉相承,还能品尝冠军咖啡师亲手冲泡的咖啡。

ADDRESS
日本京都市下京区绫小路通东洞院东入 神明町235-2
(235-2 Shinmeicho,
Shimogyo Ward, Kyoto,
Japan)

池田浩明推荐

二足步行咖啡
烘焙工作室
(coffee roasters)

**能一次品尝到最棒的
面包与咖啡**

　　十二分面包坊的2楼
就是这家二足步行咖啡。
池田先生的推荐理由是：
"总之面包与咖啡都很美
味。"店内有巨大的烘豆
机，可以品尝到新鲜出炉
的精品咖啡。

点单后，出品会附上印有咖啡豆
信息的卡片。

ADDRESS
日本东京都世田谷区三轩茶屋1丁目30-9　三轩
茶屋站大楼2楼
(Sangenjaya Terminal building 2F, 1-30-9,
Sangenjaya, Setagaya-ku, Tokyo, Japan)

店内装修只为提供一杯最美味的咖啡。总有
一天我会去一探究竟！

ADDRESS
澳大利亚新南威尔士莎莉山柏
克街547号
(547 Bourke St, Surry Hills,
New South Wales, Australia)

坂尾笃史推荐

技师精品咖啡吧 &
烘焙工作室
**(Artificer Specialty
Coffee Bar & Roastery)**

到了澳大利亚悉尼不妨一试

　　DAN YEE先生与佐佐
昌二先生在澳大利亚悉尼
入选了悉尼最佳咖啡师，
两人合作开设了这家咖啡
馆。"这里具备理想中的
只供应咖啡的咖啡馆的一
切特点。"

店内有着通透的挑高空间，宽敞气派。除了咖啡，葡萄酒的品种也很可观。一进店门就能闻到从烘豆机中飘出的咖啡香味。

 山下敦子推荐

高村葡萄酒&咖啡烘焙工作室
(**TAKAMURA Wine & Coffee Roasters**)

　　这里是葡萄酒与咖啡的专营店，同时也提供其他各类品种丰富的餐食。只是进店逛逛都令人赏心悦目。店里可以买到许多著名种植园或加工者出品的咖啡豆。山下老师介绍说："这里的咖啡种类太多了。不知道如何选择也不用担心，店员会耐心地讲解。店内也能冲泡咖啡，不妨在购买前先点一杯品尝一下再做决定。"

大阪的写字楼街区中赫然矗立着一座形似仓库的建筑。

ADDRESS
日本大阪市西区江户堀2丁目2-18
(2-2-18, Edobori, Nishi Ward, Osaka, Japan)

可以坐在宽敞的沙发座上，或是去露台座欣赏店外的街景。

我喜欢第三次浪潮系的咖啡馆，也喜欢怀旧情调满满的古早风日式咖啡馆。

好想带着一本书出门

我中意的古早风日式咖啡馆

涩谷

茶亭羽当

日本东京都涩谷区涩谷1丁目15-19(1-15-19 Shibuya Shibuya-ku, Tokyo, Japan)

有着世外桃源风情的日式咖啡馆，在那些知道好去处的咖啡爱好者之中非常受欢迎，店内总是满座。气氛太过舒适，一不小心就会坐很久。

据说涩谷站前交叉路口每次转为绿灯会有3000人来往。在这样人潮汹涌的涩谷，却有一家仿佛处于平行宇宙的静谧小店，这就是茶亭羽当。点上一杯热咖啡，店员会依据对每一位客人的印象选择不同的杯碟。如果想与好久不见的朋友好好叙叙旧，我一定会选这家店。

神泉

名曲吃茶 狮子

日本东京都涩谷区道玄坂2丁目19-13(2-19-13 Dogenzaka Shibuya-ku, Tokyo, Japan)

周围都是装修风格浮夸的店，只有这家是突兀的西洋城堡风外观，散发着庄重的气息。

这家店从1926年经营至今，这种风格的老牌日式咖啡馆我从未体验过。因为这是旧时家中没有唱片机，大家听音乐的地方，这种风格一直延续至今。店内的桌子像高铁座位一样朝着同一方向，而且店内禁止交谈。这里的时间仿佛静静流淌在另一个世界里。

鸦咖啡

日本爱知县名古屋市中区荣1丁目12-2(1-12-2 Sakae Naka Ward, Nagoya, Aichi,Japan)

这是紧临名古屋御园座的一家古早风日式咖啡馆。进店前也许会担心店里坐满熟客，进到店里后发现店家非常友好亲切。

　　这是我在名古屋最喜欢的一家怀旧日式咖啡馆。在名古屋的日式咖啡馆里，早上点一杯咖啡，店家会随餐附赠吐司和白煮蛋。去了外地，发现早上点咖啡就只会上一杯咖啡，反而给我带来了巨大的文化冲击。在名古屋的鸦咖啡，也会赠送吐司和白煮蛋，吐司还是名古屋的灵魂美食豆沙吐司。

神户西村咖啡馆 中山手总店

日本神户市中央区中山手通1丁目26-3(1-26-3 Nakayamatedori Chuo Ward, Kobe, Japan)

店面是精美的西洋风格，仿佛瞬间来到欧洲。店内充满了些许年越来越罕见的怀旧情调。

　　这里是我的祖父母、母亲与我祖孙三代人都十分喜欢的日式咖啡馆，我们时不时就会去店里小坐。店家从1948年营业至今。不过开业时，这里不像普通的日式咖啡馆那样供应浓郁的拼配咖啡，而是制作单品豆咖啡，堪称第三次浪潮系咖啡馆鼻祖。我去神户探望祖母时，有一套固定的流程。先去神户泡桑拿，放松一下，然后去西村咖啡馆里坐坐，惬意地品尝咖啡。

美国西雅图

将我变成咖啡爱好者的地方

第二次咖啡浪潮的发源地——西雅图

因为工作关系，我曾在这里生活！

西雅图、咖啡与我

　　是西雅图将从不喝咖啡的我变成了一个当之无愧的咖啡迷。有一部电影很好地展现了西雅图风情。不知你是否看过描写吸血鬼与人类绝美恋情的《暮光之城》呢？西雅图总是阴雨绵绵，也难怪惧怕日光的吸血鬼会在这里落脚。你是否看过美剧《双峰》呢？在阴雨中，主人公总是喝着咖啡，抽丝剥茧，探究杀人事件的真相。这种不喝咖啡根本没法工作的场面，真实地反映了西雅图的咖啡文化。

　　我曾因为工作关系旅居西雅图。在这里，我也毫无例外，变成了一个"咖啡星人"。我身陷对咖啡的狂热，开设了介绍咖啡的网站，还出版了与咖啡相关的书籍，狂奔在尽情享受咖啡的康庄大道上。不过直至今日，我依然觉得，在阴沉沉的雨天喝的咖啡最美味，想来西雅图风情的咖啡文化恐怕早已深深铭刻在了我的骨子里。西雅图的9月到次年4月，有很多阴郁的雨天，但西雅图的夏天是非常宜人的。夏日里的西雅图深夜10点天色依然明亮，舒爽而耀眼。我想，这里的人们能忍受漫长而昏暗的冬日，一定是为了这一年一次、转瞬即逝的美妙夏日吧。

四处都是"咖啡星人"的城市

在西雅图街头，随手拿着咖啡边走边喝的人多到让人怀疑他们是不是端着咖啡杯出生的。我也难抵这种咖啡文化的魅力，忍不住开始尝试咖啡。第一杯是咖啡爱好者的朋友推到我面前让我尝尝的偷心咖啡（Caffe Ladro）家的拿铁。

那真是一次颠覆性的体验，牛奶如绸缎般丝滑而甘甜，与咖啡的苦味协奏出完美的和音。原来这就是传说中的拿铁啊——我通过这杯拿铁，第一次体验到咖啡是如此美味！那之后，为了填补过去20年的空白，我开启了一段跑遍西雅图咖啡馆，逐一品尝各种咖啡的日子。

在西雅图，有星巴克这样的大型连锁咖啡品牌店，也有在当地有着悠久历史的本地咖啡馆，以及第三次浪潮系咖啡馆，全市的咖啡馆可谓数之不尽。每一家店都个性鲜明，来店的客人也是风格迥异。在西雅图的探店之旅中，我找到了好几家让人一见倾心的咖啡馆。

一切从这里开始。

西雅图与第二次咖啡浪潮的关系

第4章中简单介绍了第三次咖啡浪潮的相关内容，一般认为是西雅图式咖啡掀起了在咖啡馆品尝美味咖啡的第二次咖啡浪潮。其中最具代表性的当属星巴克。除此之外，还有塔利咖啡（TULLY'S COFFEE）和西雅图最佳咖啡（Seattle's Best Coffee）等。星巴克凭借意式浓缩咖啡为基底的花式咖啡和星冰乐带动着第二次咖啡浪潮席卷全球。近年来，还推出单品豆搭配不同的萃取手法，紧紧跟上了第三次咖啡浪潮的脚步。

初始店的标志
是写实画风！

探访星巴克1号店

星巴克1号店地处观光胜地派克市场内。这里不仅是热门景点，也是当地人日常采购食材的市场。我旅居西雅图时，常会去那里吃饭或购物。在这个市场中，星巴克1号店总是门庭若市，每次去都排着长队。1号店的美人鱼标志采用了过去的设计，相较现在的标志，画风十分写实，脸部看起来甚至有些吓人。1号店除了餐饮，还出售许多周边商品，这里是来西雅图不可错过的观光景点之一！

店内总是人头攒动，难得来探店，我也排进了队伍中。

ADDRESS
美国华盛顿州西雅图派克市场1912号
(1912 Pike Place, Seattle, WA98103, USA)

ITALIAN
STYLE

DO YOU SEE THE DIFFERENCE?

你知道意大利式与
西雅图式的区别吗？

SEATTLE
STYLE

\能清楚地看到制作过程。/

ITALIAN STYLE
意大利式

两者的区别就在于意式咖啡机的摆放角度！在意式咖啡馆里，意式咖啡机的摆放角度能让客人清楚地看到咖啡师是如何萃取的。咖啡师面对咖啡机，因此客人只能看到他们的后背，这就是意大利式。

\能与咖啡师愉快交流。/

SEATTLE STYLE
西雅图式

西雅图式将意式咖啡机背对客人，客人无法看到制作过程。不过咖啡师在萃取意式浓缩咖啡时会与客人面对面，可以一边交谈一边点单。

来西雅图不妨一试！

值得推荐的独立咖啡馆

西雅图有许多个性鲜明的独立咖啡馆，
探访多家咖啡馆后，以下4家是我自己的心头好。
家人朋友去西雅图玩时，我总会把他们带到这几家咖啡馆。

米尔斯特德咖啡
(Milstead & Co.)

照片提供 Dan Cole

店家在多次迁址与装修后终于稳定下来，
每次迁址，时尚感就会跟着升级。

这是我心目中西雅图最美味的第三次浪潮系咖啡馆。有一次，一位一直在星巴克买咖啡豆的朋友告诉我："我找到了一家了不得的店，你快去尝尝！"然后将这家店推荐给我。这家店也是全美最佳咖啡馆排行榜上的常客。

ADDRESS
美国华盛顿州西雅图第34大街754号
(754 N 34th St, Seattle, WA 98103, USA)

灯塔咖啡
(Lighthouse Roasters)

店面是一幢独门独院的小楼，因为终日运转的烘豆机，周围总是飘着一股诱人的咖啡香味。

如果需要买咖啡豆，我就会来这家。这家店坐落在住宅区中，看似平平无奇，实则是西雅图的咖啡爱好者们无人不知、无人不晓的名店。店内桌子不多，也不提供无线网。客人大多在店内快速喝完或选择打包带走。

ADDRESS
美国华盛顿州西雅图第43大街400号
(400 N 43rd St, Seattle, WA 98103, USA)

其实，我在西雅图时忍不住买了一台家用意式咖啡机。每天除了探访咖啡馆，也会在家自己做咖啡。

志愿者公园咖啡
(Volunteer Park Cafe)

西雅图公园众多，其中志愿者公园内的墓地里长眠着功夫巨星李小龙。在公园入口附近的住宅区中，有一家没有招牌的咖啡馆。店内食材选用当地产的有机食品，鸡蛋是散养在院子里的鸡下的。

ADDRESS
美国华盛顿州西雅图第17街东1501号
(1501 N 17th Avenue East, Seattle, WA 98112, USA)

这里总是坐满了人，是深受当地人喜爱的社区型咖啡馆。可以在享用咖啡的同时与当地人打成一片。

祖卡咖啡&茶饮公司
(Zoka Coffee Roasters & Tea Company)

绿湖公园内有深受西雅图市民喜爱的湖泊，公园不远处便是祖卡咖啡馆。很多人会在这里看书或办公，还有人下国际象棋，真是自由极了。我的第一本咖啡书也是在这家咖啡馆里写成的。

ADDRESS
美国华盛顿州西雅图第56大街2200号
(2200 N 56th St, Seattle, WA 98103, USA)

这里只选用公平交易的咖啡豆。每一位咖啡师都博学广闻，而且特别友好！

澳大利亚墨尔本

咖啡连锁店难以立足的城市

品味出众！坚持独立风格的墨尔本

墨尔本、咖啡与我

　　澳大利亚的墨尔本连续多年被评为"世界最宜居的城市"。深深扎根在澳大利亚的独立咖啡馆文化十分有名，甚至连星巴克都无法在这里经营下去，于2018年宣布退出澳洲市场。其中，墨尔本的咖啡馆文化尤其强势，很多咖啡狂热爱好者都多次向我推荐这座城市。

　　但深受西雅图咖啡馆文化熏陶的我却一直没有踏入墨尔本。因为我已经预感到，一旦去到那座城市，一定会被那里的氛围压倒，从而"移情别恋"。打个比方来说，就好像明知道在苹果音乐软件上买歌更方便，却还坚持购买光盘……

　　直到2018年，我终于有幸前往墨尔本，而我的心也在意料之中地被这座城市偷走。因为在那里，随便走进一家咖啡馆，都会为店家的鲜明个性、友善招待和对咖啡的用心而倾倒，让我佩服得五体投地。

千言万语化成一句话，万分佩服！

　　不仅如此，墨尔本人的"咖啡素养"也高得令人吃惊。对他们来说，咖啡的重要性不亚于一日三餐。就像人们认真挑选餐馆和餐品那样，墨尔本人对咖啡的选择也十分讲究。

点单方式之专业令人钦佩！

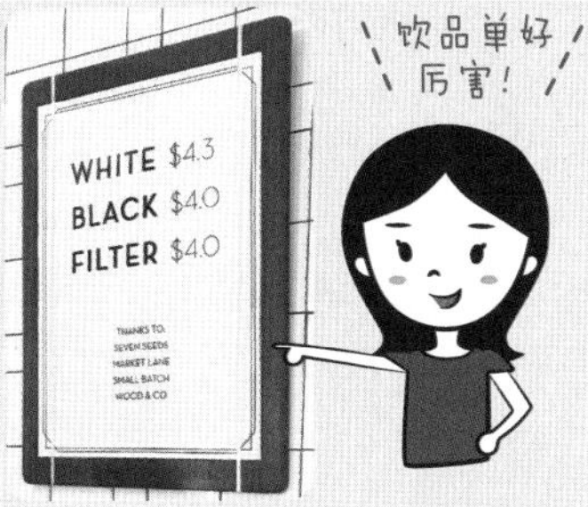
饮品单好厉害！
WHITE $4.3
BLACK $4.0
FILTER $4.0
THANKS TO
SEVEN SEEDS
MARKET LANE
SMALL BATCH
WOOD & CO

在这里，饮品单也与美国和日本完全不同。一般咖啡馆的饮品单大多罗列着滴滤咖啡、美式咖啡、意式浓缩咖啡、拿铁、卡布奇诺等。但墨尔本的饮品单上只有3项——白、黑、滴滤。我会说英语，也喜欢咖啡，可到了店里却不知该如何点单，纠结了半天挤出一句：“请给我一杯白。”咖啡师却反过来询问：“要哪种做法？”原来，白指的是拿铁和卡布奇诺这类加入牛奶的花式咖啡，只是饮品单上不会写得那么详细。换言之，墨尔本人对咖啡了如指掌，不用写明也知道咖啡的各种做法！

澳洲超人气的澳白咖啡

与拿铁和卡布奇诺一样，都是用牛奶与意式浓缩咖啡调制而成的花式咖啡。只是它们各自使用的牛奶质地有所不同。请看下方图示说明。

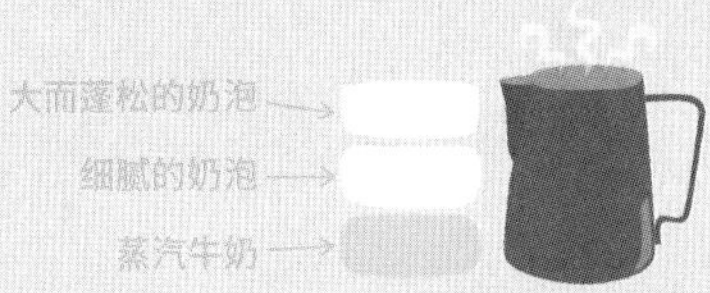
大而蓬松的奶泡
细腻的奶泡
蒸汽牛奶

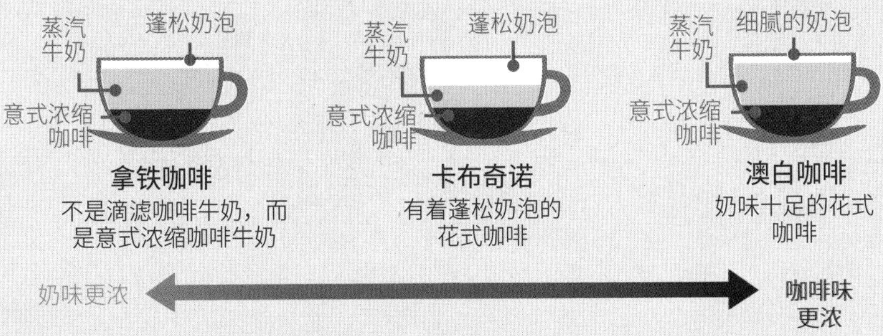
蒸汽牛奶
蓬松奶泡
意式浓缩咖啡
拿铁咖啡
不是滴滤咖啡牛奶，而是意式浓缩咖啡牛奶
蒸汽牛奶
蓬松奶泡
意式浓缩咖啡
卡布奇诺
有着蓬松奶泡的花式咖啡
蒸汽牛奶
细腻的奶泡
意式浓缩咖啡
澳白咖啡
奶味十足的花式咖啡
奶味更浓
咖啡味更浓

来墨尔本不妨一试！

对咖啡的用心让人震撼的咖啡馆

在探访过的墨尔本咖啡馆中，这5家给我留下了尤为深刻的印象。它们各自具有极其鲜明的个性，甚至喝完咖啡走出店门后，我依旧深深地沉浸在感动之中。

七粒种子咖啡
(SEVEN SEEDS)

宽敞的店内，右手边是咖啡馆，里面是厨房。除了咖啡，也提供其他餐品。

ADDRESS
澳大利亚维多利亚州3053卡尔顿区伯克利街114号
(114 Berkeley Street, Carlton VIC 3053, Australia)

七粒种子咖啡是在墨尔本非常具有代表性的咖啡馆。点单后出品会附带咖啡豆的介绍卡片，卡片上记录着咖啡豆的原产国与种植园、处理法的风味特点以及种植园主理人的经历。边喝咖啡边阅读卡片上的信息，感受这杯咖啡不远万里、历尽艰辛来到自己手中，顿时心生感激之情。在这家店，我学会了了解入口食物的来源。

市集小巷咖啡
(MARKET LANE)

"市集小巷"在墨尔本市内共有5家分店。这家店的口号是"我们乐于为热爱咖啡的城市制作咖啡"，这句话让我一见倾心。店内出品的咖啡风味温柔，让人感受到制作者在制作咖啡时的用心和热爱。

ADDRESS
澳大利亚维多利亚州3141南雅拉区商业路163号
(163 Commercial Rd, South Yarra VIC 3141, Australia)

店内还有出售甜甜圈等食品的面包房，店面不大，但也设有一些座位，可以在店内悠然地享用咖啡。

帕特里夏咖啡
(PATRICIA)

这家地处背街小巷的咖啡馆甚至没有招牌，但经常能看到客人排出一列长队。墨尔本的当地人真是对美味的咖啡所在地了如指掌。一进店门，店员就爽朗地与我搭话："听口音你是从美国来的吧？想喝点什么？"让人不由得放松下来。这家店只有吧台，在墨尔本也属于少数派。店内十分热闹，许多客人都是在上班前或午休时过来买一杯咖啡，喝完就走。

个性至极的店面风格！进店后发现，店员们友好又亲切！

ADDRESS

澳大利亚维多利亚州3000墨尔本小柏克街493-495号
(493-495 Little Bourke St, Melbourne, VIC 3000, Australia)

AU79

AU79店内到处都是自然绿植，非常推荐点上一份早午餐，坐在店内享受一段悠闲的时光。该店的首席烘豆师是一位日本人，名叫平山峰一。他那致力于突显咖啡豆个性的热诚与总是向着更高的目标奋勇攀登的姿态让我感动不已，甚至忍不住悄然落泪。

店内挑高很高，仿佛将绿植店与咖啡馆融合在一起。这里的咖啡与早午餐都美味极了。

ADDRESS

澳大利亚维多利亚州3067阿伯茨福区尼克尔森街27-29号
(27-29 Nicholson St, Abbotsford VIC 3067, Australia)

能量咖啡
(ACOFFEE)

ACOFFEE有着压倒性的时尚店内空间。不论是饮具、咖啡豆储藏容器，还是装饰用的小摆件，都时尚而精致，让人不由感叹原来咖啡馆的店面设计已如此登峰造极，这对我造成了巨大的冲击。店家甚至对热咖啡刚喝时与变凉后的风味变化都有细致的考虑，我真的无话可说，只能佩服得五体投地。

踏入店内的瞬间，氛围之精致，让人怀疑是不是走进了高级时装买手店。

ADDRESS

澳大利亚维多利亚州3066科林伍德区萨克维尔街30号
(30 Sackville St, Collingwood VIC 3066, Australia)

英 国

也曾有过咖啡大行其道的时代

红茶之国英国的咖啡现状

英国的咖啡，
水平很高哦！

英国、咖啡与我

　　说到英国，自然首先联想到红茶，那么英国的咖啡如何呢？带着这个疑问，我前往伦敦、牛津与剑桥，来了一趟咖

啡之旅。逐一品尝了这些地方的咖啡后，我发现英国的咖啡相当不错。饮品单兼具澳大利亚与美国的种类，不仅意式浓缩系列的花式咖啡很受欢迎，滤泡咖啡（英国与澳大利亚称为"滴滤咖啡"）也使用单品豆，完全改变了我对英国只有红茶这个既有印象。

奶泡蓬松细腻的拿铁治愈人心。

英国的食物健康、精美、可口。

迄今为止，我吃过的最美味的食物之一：纯素食店的吐司配菌菇和牛油果。

偶遇焙意之®也是在伦敦。

观光与咖啡如影相随
的漫步之旅。

FISH AND CHIPS

也品尝了英国的
灵魂美食哦。

咖啡因(Kaffeine)

咖啡因家风格时
尚，餐品也十分
出众。因为是人
气咖啡店，想在
店内找个座位可
不容易。

TAB x TAB

在探访电影《诺丁山》的实景
地时，我在这家小店品尝了来
到英国后的第一杯咖啡。还挺
不错的——首战告捷，一开始
就留下了好印象。

蒙莫斯咖啡
(Monmouth Coffee Company)

蒙莫斯咖啡堪称伦敦最受欢迎的咖啡
馆。店内人头攒动，想转个身都难，就
像在筑地市场的早市，举着手被店员点
到了才好不容易点上单。

螺旋滑梯
(Helter Skelter※)

我是披头士乐队的铁杆粉丝。
前往阿比路圣地巡礼要在圣约
翰伍德站下车，在那里意外发
现了一家以披头士乐队为主题
的咖啡馆。

作坊咖啡
(Workshop Coffee)

作坊咖啡以美味的拿铁闻
名。我进店时看到店内坐着
两位警察，还以为发生了什
么案件。结果
他们只是
正好喝
着咖啡
在休息
而已。

※Helter Skelter是披头士乐队的一首单曲。

芬 兰

不只有桑拿与极光

咖啡消费量世界第一的芬兰

让我对芬兰着迷
的契机是……

芬兰、咖啡与我

　　在拙作《周末芬兰》中，我写了很多关于桑拿的逸事，大家可能会误以为我因为桑拿而对芬兰着迷。其实，一开始着迷的契机是咖啡。

　　最初，我了解到原来芬兰是世界上咖啡消费量第一的国家。当时，我正旅居美国最爱喝咖啡的城市西雅图，怀着"我倒要看看芬兰人究竟有多爱喝咖啡"的好奇之心，我远赴芬兰。那次旅行就是我喜欢芬兰的开始。

　　来到为咖啡疯狂的赫尔辛基，观察那里的人们，我意外地没有看到在西雅图街头稀松平常的端着马克杯来往的人，而且街头也不见鳞次栉比的咖啡馆。可当我走进咖啡馆一探究竟时却发现，早中晚不论什么时间段，咖啡馆里总是熙熙攘攘。赫尔辛基的人们在咖啡馆里一边交谈，一边非常享受地喝着咖啡。

　　芬兰人均每年要消费12.2千克咖啡，而日本的人均年消费量只有3.5千克。两国消费量的差距令人吃惊。从我第一次去赫尔辛基，已经过去了7年。在多次探访中，我逐渐发现，芬兰人确实十分喜欢咖啡，他们对咖啡的狂热其实与当地的气候环境也

14:00

这是我在韦斯屈莱机场走向飞机时看到的景色。

22:00

这是赫尔辛基市内港口的景色。街道紧临着大海!

千万别忘了试试桑拿!

有着密不可分的关系。

　　芬兰的秋季到春季是极夜,早晨如深夜一般昏暗。到了上午10点,室外才有黄昏时的亮度。太阳仅升起到黄昏时的高度就会再次西沉。大概是因为这样寒冷而暗无天日的日子要持续好几个月,所以对芬兰人而言,能温暖身体、振奋精神的咖啡才会成为必需品吧。另一个让芬兰人身心都充满健康活力的源泉当然就是桑拿啦!

设计感十足的赫尔辛基咖啡馆

来赫尔辛基不妨一试！

每当去赫尔辛基时，我都有好几家想去小坐的咖啡馆，每次去都遗憾时间太短，难以全部探访。以下就是我去赫尔辛基必打卡的咖啡馆。

卡法烘焙工坊
(KAFFA ROASTERY)

用阿拉比亚（Arabia）牌咖啡杯享用滴滤咖啡。

这是芬兰最具代表性的第三次浪潮系咖啡馆。这家店需要先选咖啡豆，再选冲泡方法。不妨像第3章中介绍的那样，向店员咨询："想喝巧克力风味的咖啡，应该选哪种咖啡豆？"另外，店员还会告诉客人所选的咖啡豆适合什么萃取方法。虽然大家话语不多，但都十分友好！

ADDRESS　芬兰赫尔辛基00150 普希米亨街29号
(Pursimiehenkatu 29, 00150 Helsinki, Finland)

约翰&尼斯特龙※
(JOHAN & NYSTRÖM)

两层小楼，通透的店内也由红砖装饰。

在赫尔辛基的地标赫尔辛基大教堂向东不远处，有一座面朝港口、形似仓库的红砖小楼。店内也由红砖装饰，有着融汇古今的独特氛围。我最喜欢早上来到这里，坐在室外的椅子上一边眺望港口的帆船发呆，一边喝着早晨的咖啡。

ADDRESS　芬兰赫尔辛基00160 卡纳瓦兰塔街7C-D
(Kanavaranta 7C-D, 00160 Helsinki, Finland)

IPI角落咖啡厅
(IPI KULMAKUPPILA)

酥皮派与餐食的水准也很高！

这是一家坐落在哈卡涅米市场附近的咖啡馆。芬兰的咖啡馆主营浅烘豆，不过这家有我的最爱——浓郁适度的中烘豆。每次去必定会买些咖啡豆带回家。这家咖啡馆有着巨大的玻璃窗，阳光射入时十分明亮，午餐也很推荐。另外，这家店还有一个特色，他们为残障人士提供工作岗位，我去的时候，店内有好几位店员是残障人士。

ADDRESS
芬兰赫尔辛基00530 波尔森街13号
(Porthaninkatu 13, 00530 Helsinki, Finland)

　※Johan & Nyström是除了四大咖啡之外最受欢迎的瑞典咖啡品种之一。

咖啡与桑拿也
是绝配哦！

阿尔托咖啡
(CAFE AALTO)

在爱斯普拉纳地公园路大街有一家由现代建筑巨匠阿尔瓦·阿尔托先生设计的老牌书店——学术书店。阿尔托咖啡就开设在这家书店内。这里也是《海鸥食堂》的主人公教朋友唱主题歌《科学小飞侠》的外景地。咖啡馆内采用了大量阿尔托先生设计的家具。

在海量书刊的环绕下享用咖啡。

ADDRESS
芬兰赫尔辛基00100波乔伊斯普拉纳迪街39号
(Pohjoisesplanadi 39, 00100 Helsinki, Finland)

瑞呷塔咖啡
(CAFE REGATTA)

这家咖啡馆紧临西贝柳斯公园，由渔民小木屋改建而成，非常具有芬兰乡村风情。在店内购买了咖啡和该店非常有名的肉桂卷面包后来到露天座位，边眺望澄净的大海边喝咖啡。夏天能沐浴清凉的海风，冬天则可以凑近篝火取暖，享受极乐一刻。

本店只收现金，别忘了带现金哦！

ADDRESS
芬兰赫尔辛基00260 梅里坎农蒂街 8号
(Merikannontie 8, 00260 Helsinki, Finland)

芬瑟咖啡
(FAZER CAFÉ)

这是芬兰著名的巧克力老店芬瑟开设的咖啡馆。店内总有许多慕名前来购买特产巧克力的游客。这家店是芬兰国宝级的巧克力品牌店，为了更好地品尝店里美味的巧克力，一定要搭配咖啡。真是绝妙的组合！除了巧克力，还有蛋糕和三明治供应。

完全可以当成景点，值得一去。

ADDRESS
芬兰赫尔辛基00100克鲁维街 3号
(Kluuvikatu 3, 00100 Helsinki, Finland)

巴 西

拥有世界上最大的咖啡种植园
去巴西喝咖啡之旅

我终于出发去探
访咖啡豆啦!

巴西、咖啡与我

　　我一连数日都收到"诈骗"邮件,内容是"这里是巴西出口投资促进局,邀请您来巴西品尝咖啡"。不用说,我当然没有搭理。没想到,社交网站也收到私信联系:"麻烦您方便的时候看一下我们发给您的邮件吧。"原来那些不是诈骗邮件,真是由政府部门发来的邀请函。这整件事就好像一个天大的玩笑,却又如此真实。我就这样踏上了旅途,前往位于地球另一端的国家——巴西。

　　这次行程是一个为期12天的电视节目拍摄之旅,邀请巴西的冠军咖啡师为大家介绍巴西各地的咖啡种植园。

　　不过说实话,直到临行前的最后一刻,我都在质疑这一切是不是骗局,会不会刚抵达机场就被人塞进麻袋里拐走,或是遭遇什么不测。然而,在12天之后,当我回到这个初来乍到时还满腹狐疑的机场,却因为感谢与感激之情而潸然泪下。不仅因为这里的文化对我而言十分新鲜,巴西人的热情款待也深深打动了我的心,让这段旅程变成了令人难以忘怀的经历。

　　请大家与我一起,回顾12天的巴西之旅吧!

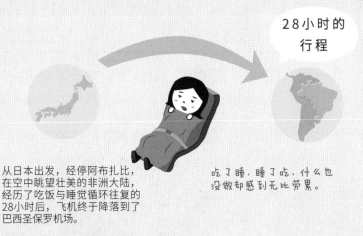

28小时的行程

从日本出发，经停阿布扎比，在空中眺望壮美的非洲大陆，经历了吃饭与睡觉循环往复的28小时后，飞机终于降落到了巴西圣保罗机场。

吃了睡，睡了吃，什么也没做却感到无比劳累。

巴西人不喝滴滤咖啡吗？

抵达巴西后，我想在酒店里泡一杯茶喝，却发现房间里没有热水壶。打电话去前台要求给我一个能烧水的热水壶，却一直不见人送来。看来，巴西虽然在酒店大堂里供应咖啡，却没有在客房中烧水喝茶的习惯。

第二天一早，我去吃早餐，看到餐厅吧台上摆着满满当当的人工甜味剂糖浆，可能巴西人偏爱甜甜的咖啡吧。

另外还有一点，来到巴西后，我点了一杯咖啡，不知为什么，店员端来的却是一份意式浓缩咖啡。一开始我以为是店员听错了，过了两三天才逐渐意识到，在这里咖啡就等于意式浓缩咖啡，饮品单上根本就没有滴滤咖啡。在巴西，人们会往装在小杯中的意式浓缩咖啡里加入白糖或糖浆，再一饮而尽。虽说在家没有意式咖啡机也会喝自制的滴滤咖啡，但咖啡馆基本只做意式浓缩咖啡，巴西的咖啡文化是以意式浓缩咖啡为核心的。

有股消毒液气味的糖浆。

巴西生产全世界三分之一的咖啡

抵达巴西后的翌日，拍摄开始。一同出镜的是巴西爱乐压冲泡冠军乌戈先生。他还经营着一家自主选豆烘焙的咖啡工坊，我与他一起参观了许多咖啡种植园。

据说，全世界流通的咖啡豆有三分之一产自巴西，我也是第一次有机会亲眼看到咖啡是如何种植，咖农们是如何工作的。巴西的国土面积是日本的22.5倍，是全世界国土面积第五大国家。这里幅员辽阔，转场非常耗时。我

碰头后马上开始拍摄，但很快就与团队打成一片。

与乌戈先生在圣保罗见面，喝了一杯咖啡后，从圣保罗坐车4小时，来到了芝士面包球的发源地米纳斯吉拉斯州。这里的一处咖啡种植园是我们的第一站。

顺带一提，巴西的早餐会提供好多水果！当地人早餐大多吃水果、蛋糕、芝士、面包与鲜榨果汁。巴西特色的芝士面包球也是早餐桌上的常客。

早餐豪华到让人觉得不吃就亏大了，每天都这么丰盛！

巴西的二月是明亮清新的初夏。

在种植园体验杯测

二月的巴西，咖啡樱桃还未成熟，是采收前的青绿色模样。我们前去种植园参观不同品种的咖啡树，并考察种植园如何经营运作。看到一个一个咖啡种植园，我真想在采收季节再来这里体验！

第一家种植园采用超级有机种植法，在为咖啡树浇水时，会像洗桑拿时那样，用小把的白桦树枝蘸水，轻柔地拍打咖啡

还是绿色的咖啡樱桃。

树。这里不用机械，全部采用手工作业。

第二家种植园饲养着爱吃咖啡樱桃的雅库鸟。这种鸟类吞下咖啡樱桃后，咖啡豆会随粪便排出。据说这种咖啡豆低酸，口感十分柔和。

全部通过人工作业浇水。

在种植园工作人员的指导下，体验照料咖啡树。

在这家种植园里，我有幸参与了咖啡杯测。种植园将雅库鸟粪便中的咖啡豆与各个品种的咖啡豆按照杯测用的烘焙度烘焙后，进行杯测。

种植园里有依照精品咖啡协会规定的标准程序进行评测的咖啡豆品质鉴定师，他们会仔细品定咖啡豆的风味，所以用于出口的咖啡豆品质十分过硬。顺带一提，鸟屎咖啡的味道柔和又顺滑！

这就是雅库鸟。

巴西人爱喝咖啡吗？

　　巴西是咖啡产量全球第一的国家，这里的人们当然也都喜欢喝咖啡！虽然没看到有人像美国人那样端着咖啡杯到处逛，但这里的人们会快速地将一杯杯意式浓缩咖啡一饮而尽。摄制组的成员们一有空就会喝咖啡。在转场途中，车一开入高速公路服务区，摄制组就会全员跑去咖啡吧排队买咖啡。我多次看到这样的场面，每次都忍不住大笑。虽说在巴西，像第三次咖啡浪潮那样关注咖啡的品种、咖啡豆、出产种植园与冲泡方法等的人还不多，但咖

高速路途中偶然发现了一家颇具个性的咖啡店。

啡在这个咖啡大国中有着独一无二的重要地位。

　　关于喜欢咖啡的巴西人，我原本对他们的印象是热情奔放，甚至会在巴士里载歌载舞的那种，不过这次我遇到的巴西人都是温柔体贴、团结友善的，而且有着坚定的信念。在这12天里，我独自一人身处15位巴西人的团队中，也不会说葡萄牙语，但我从未感到被孤立或因跟不上大家的交流而不知所措。我想，这一定是因为15位同伴为我着想，营造出了友善的团队氛围吧！

　　在临回国前去了最后一家种植园，那里的咖啡豆实在太美味了，我忍不住提出"好想买一些带回国去"。然而种植园里只有生豆，无奈我只能作罢。可就在那天晚上，种植园的咖农们特意为我烘焙了一袋咖啡豆，在漆黑的山路上驱车30分钟送到了我入住的酒店。我深深感到，巴西人的待客之道与日本人有着许多相似之处。回到日本后，我马上用这些咖啡豆冲泡了咖啡，出品风味温润，喝着喝着，不由得热泪盈眶。

这里目之所及的咖啡树都专供日本消费者

这个种植园，放眼望去都是咖啡树！种植园所有者告诉我："这里目之所及的咖啡树都是黄波旁。"我听得一头雾水，心想："波本？这里难道还产威士忌吗？"原来阿拉比卡种咖啡有一个品种叫"波旁种"，英语发音与"波本"威士忌一模一样。真是太容易混淆了！

这里的咖啡树都是为日本消费者种植的。

在日本喝到的咖啡，有不少就是黄波旁品种，这里能看到的所有咖啡树，都供应日本市场。原来，咖农们是为了日本消费者种植了这些咖啡树！我听到这里，忙对咖农们连声道谢。

这里能看到的全都是咖啡树。

随后，种植园所有者告诉我："日本人不喜欢讨价还价，舍得以合适的价格购买品质过硬的咖啡豆，所以我们也更用心地种植和加工。"原来，日本人正在地球的另一端这样用心地开展贸易，而巴西人为了回应这份心意，努力生产着更好的咖啡！这真是令人感动！

体验了种咖啡苗。

当我探访了多家巴西的咖啡种植园，与咖农们面对面交流后，每当再次端起咖啡杯，都不由自主地思索，这杯咖啡是经过谁人之手生产加工的，又是如何千里迢迢来到我杯中的呢？我深深感到，生产者与消费者虽然在空间上遥不可及，但第三次咖啡浪潮与SDGs将我们紧密地联系到了一起。

后记

写完这本书，我开始思考一个问题——什么样的咖啡才是一杯美味的咖啡？我想，最美味的咖啡应该是饱含着制作者心意的咖啡吧。而品味最美味咖啡的诀窍，大概就是怀着"谢谢为我做咖啡"的感谢之情将它喝下吧。

咖啡最开始不过是把炒焦的种子加入热水煮出的棕色液体罢了。但这却是千百年来，跨越国界与人种、被全世界各地的人们所钟情的饮品。我也是被这饮品界的超级巨星俘获身心的其中一人。对我而言，咖啡是日常饮食的重要环节，是为我工作助力的伙伴，也是能帮我加油打气或放松心情、如恋人一般的重要存在。

另外，因为咖啡与他人的邂逅也让我对咖啡满怀感激。回想与本书邀请到的各位朋友，以及各位编辑初次相遇的那一天，竟无一例外地都喝了咖啡。这是一本名副其实的因咖啡走到一起的人们共同完成的书。

日本大和书房的责任编辑藤泽阳子女士总会说着"很有亮子的风格，真棒"的话来不断鼓励我，任我自由发挥。策划编辑大川朋子女士、奥山典幸先生总能将我喜欢的与想做的变为现实。文字编辑丸山亚季女士总会耐心地发掘我潜藏的才能。而植草可纯女士与前田步来女士则为这本书带来了我心爱的设计、心动的装帧与爱不释手的质感。还有在书中登场的各位老师以及帮助我制作咖啡味精酿啤酒的恶魔精酿酒坊的各位，多亏了大家，让我切身地感受到咖啡真的超级有趣！在大家的帮助下，我终于又完成了一本有趣的书！

最后，通过咖啡，我结识了活跃在各行各业，生活在世界各地的许多朋友。我想，这都是咖啡为我带来的不可思议的缘分和欢笑满满的回忆。希望对读者朋友们而言，咖啡也是这样无可替代的存在。祝大家今天也能遇到一杯满载心意、美味而愉快的咖啡。

岩田亮子

内文插图：岩田亮子
内文照片：岩田亮子
内文设计：APRON（植草可纯、前田步来）

COFFEE GA NAITO IKITE IKENAI!

Copyright © Ryoko Iwata 2020

Original Japanese edition published by DAIWASHOBO Co., Ltd.

This Simplified Chinese edition published

by arrangement with DAIWASHOBO Co., Ltd., Tokyo

in care of FORTUNA Co., Ltd., Tokyo

浙 江 省 版 权 局
著 作 权 合 同 登 记 章
图字：11-2022-376

责任编辑：瞿昌林
特约编辑：周晓晗
责任校对：高余朵
责任印制：汪立峰

图书在版编目（CIP）数据

咖啡星人指南 /（日）岩田亮子著；安忆译 . -- 杭
州：浙江摄影出版社，2023.2(2024.9 重印)

ISBN 978-7-5514-4247-3

Ⅰ . ①咖… Ⅱ . ①岩… ②安… Ⅲ . ①咖啡—基本知
识 Ⅳ . ① TS273

中国版本图书馆 CIP 数据核字 (2022) 第 225842 号

KAFEI XINGREN ZHINAN

咖啡星人指南

［日］岩田亮子 /著　　安忆 /译

全国百佳图书出版单位

浙江摄影出版社出版发行

地址：杭州市环城北路 177 号

邮编：310005

网址：www.photo.zjcb.com

经销：全国新华书店

印制：天津联城印刷有限公司

开本：880mm×1230mm　1/32

印张：4.75

字数：137千

2023 年 2 月第 1 版　　2024年 9 月第 3 次印刷

ISBN 978-7-5514-4247-3

定价：52.00元